SUPPLEMENT au JOURNAL OFFICIEL de l'Afrique occidentale française.

Rapports et Documents. (24 février, 9 et 23 mars 1912, n°s 66, 67 et 68.)

SERVICE ZOOTECHNIQUE

L'ÉLEVAGE EN GUINÉE FRANÇAISE

PAR

M. LE VÉTÉRINAIRE ALDIGÉ

Chef du Service Zootechnique de la Guinée française.

2975

L'ÉLEVAGE EN GUINÉE FRANÇAISE

PAR

M. LE VÉTÉRINAIRE ALDIGÉ

Chef du Service Zootechnique de la Guinée française.

Généralités.

Bien que la Guinée ne soit pas un pays de grande culture et que sa production agricole soit strictement limitée aux besoins des indigènes, il est à la fois curieux et agréable de remarquer qu'elle constitue, en Afrique occidentale, une région particulièrement favorisée sous le rapport de l'élevage du bétail, eu égard aux conditions précaires fournies à ce dernier par le milieu et par l'éleveur.

Par sa physionomie toute spéciale, par la richesse qu'il représente relativement à la faible densité des populations humaines, par la valeur des transactions qu'il alimente, l'élevage est devenu, au cours de ces dernières années, un des éléments les plus intéressants et les plus caractéristiques de la production économique du pays.

Son passé répond de son avenir, et il n'est pas exagéré de fonder les plus légitimes espérances sur son développement avec du temps, de l'esprit de suite et quelques sacrifices.

Les diverses espèces d'animaux de ferme, de rapport et de travail se rencontrent en Guinée en des proportions très variables, il est vrai, selon les espèces et les régions considérées. Dans le cadre de cette étude, nous analyserons successivement, par ordre d'importance, l'élevage des bœufs, des moutons et des chèvres, des équidés, des porcs et des volailles. L'élevage des bovidés est, sans contredit, la ressource essentielle d'une bonne partie de la population, et c'est à lui que nous consacrerons le plus long développement.

AGENTS MODIFICATEURS DES RACES ANIMALES

L'espèce, la race, l'individu même possèdent des caractères physiques, physiologiques et pathologiques qui varient incessamment par hérédité, sous l'influence d'une adaptation toujours plus étroite aux conditions du milieu. Cette adaptation héréditaire a abouti, en Guinée, à la formation de races naturelles, pour chaque espèce considérée. Les modifications artificielles produites par l'action de l'homme étant à peu près nulles, on peut dire, pour l'espèce bovine surtout, que les races domestiques qui peuplent la Colonie ne sont que l'expression simple du milieu dans lequel elles vivent.

Le milieu. — Il convient de donner un aperçu rapide des divers éléments du milieu extérieur que l'on peut rattacher au sol et au climat.

Ces deux agents modificateurs agissent tous deux, en Guinée, dans le même sens, en exerçant une influence réductrice sur la taille et le format. Avec un climat chaud et une configuration montagneuse du sol, dépourvu de calcaire, le pays ne peut avoir produit que des animaux de format réduit, répondant au type breviligne de Baron. D'autre part, habitant des contrées pauvres où elles ne trouvent que des conditions d'existence pénibles, une alimentation souvent insuffisante, les races locales devaient posséder une rusticité à toute épreuve qui se trouve vérifiée au delà de toute prévision.

Au point de vue de l'élevage, la Guinée offre à considérer trois régions principales nettement distinctes l'une de l'autre, tant par la configuration du sol et la climatologie que par les populations indigènes qui les habitent :

1° La Basse-Guinée, qui renferme, avec de nombreux estuaires, des terrains marécageux et alluvionnaires. L'altitude s'élève cependant assez rapidement à mesure que l'on s'avance vers l'intérieur en même temps que s'améliorent les conditions d'élevage.

Son climat exagérément humide, à température constante, convient assez peu aux animaux domestiques; on y trouve néanmoins quelques troupeaux qui se sont augmentés au cours de ces dernières années.

2° Le Fouta-Djallon, que l'on peut envisager comme un massif montagneux dont l'altitude varie de 800 à 1,200 mètres, raviné de vallées nombreuses rayonnant de trois centres orographiques. Le climat est plus doux, mais les écarts de température y sont plus sensibles que partout ailleurs. Le sous-sol est formé de roches primitives diverses : granités, gneiss, étrangement mélangées et trouées d'assises éruptives gréseuses. A la surface affleurent en abondance des roches latéritiques formées d'un conglomérat silico-argileux dont les éléments sont réunis par un dépôt ferrugineux; presque toujours stériles, elles s'étendent parfois en vastes espaces en bordure du massif principalement et sur les degrés qui y accèdent, formant le caractéristique bowal d'aspect désolé et d'une désespérante monotonie.

La terre végétale, entraînée dans les failles et les vallées, est rare en tout autre endroit. La production agricole est donc assez faible. Mais grâce au climat relativement tempéré, aux pluies abondantes, moins cependant que dans la zone côtière, à la grande quantité des cours d'eau, on rencontre en hivernage, jusque sur les bowals, une épaisse végétation herbacée, nutritive au long des vallées, souvent dure et ligneuse sur les plateaux, suffisant à l'entretien de nombreux troupeaux. Aussi le Fouta-Djallon, pauvre par ses cultures, devait-il conserver la suprême ressource d'être une région d'élevage privilégiée pour une race petite, agile, rustique.

3° La Haute-Guinée, où les pluies sont moins fortes et moins prolongées que dans les deux régions précédentes, l'humidité de l'atmosphère moins accusée, le climat plus sec et plus chaud. Elle est sillonnée de larges vallées où coulent à l'aise le Niger et ses affluents. Fertile, cette région offre en outre à l'éleveur de multiples avantages; le nombre des bœufs et des moutons originaires du Fouta s'est rapidement accru depuis que la sécurité des peuplades est assurée.

On peut y rattacher la zone bordant la grande forêt, contrée plus humide, où les saisons sont moins nettement tranchées et qui offre à peu près en permanence des pâturages verdoyants.

L'éleveur. — Il constitue également un agent de modification, bien que son rôle à cet égard soit assez borné en Afrique occidentale. Mais l'élevage, en Guinée comme partout ailleurs, présente cependant des caractères particuliers et est intimement lié à l'existence même des indigènes qui le pratiquent, à leur organisation sociale, à leurs traditions et à leurs mœurs. Les méthodes employées feront l'objet d'un chapitre spécial.

Bovidés.

IMPORTANCE DE L'ÉLEVAGE

L'élevage des bœufs est, en Guinée, de beaucoup le plus important. Dans toutes les régions de la Colonie on rencontre de nombreux troupeaux à toutes les époques de l'année; mais il est des points, variables avec les saisons, où le bétail est accumulé de préférence.

La totalité du cheptel représente un capital considérable par rapport à la densité humaine. Il est difficile, toutefois, de citer un chiffre exact. Le dernier recensement, qui date de 1908, accuse un total de 250,000 bovidés pour toute l'étendue du territoire.

Or, pour qui connaît le caractère de l'indigène et surtout du foulah, son incurable défiance dès qu'on lui parle de ses troupeaux; pour qui a parcouru, d'autre part, les principaux centres d'élevage, il appert facilement que le chiffre donné est bien au-dessous de la réalité.

Un foulah ne.dira jamais le nombre de bœufs qu'il pos-sède, une grande partie en est dissimulée aux regards indiscrets des *gorés*, sortes de parcs sommaires, au plus épais de la brousse. Si les recensements sont faits à la légère, sans aucun contrôle dont l'efficacité est d'ailleurs douteuse, ils donnent un déchet très élevé. Ceux de ces indigènes qui ne nous approchent que fort peu croient encore qu'il doit arriver malheur au bétail visité par un blanc, ou craignent que nous ne voulions l'imposer.

Aussi, ne pouvons-nous être exactement renseignés sur la richesse bovine de la Colonie.

Le Fouta-Djallon est le berceau et le véritable foyer de l'élevage, comme le foulah est le véritable éleveur. C'est, en effet, dans les cercles de Timbo, Ditin, Pita, Labé, Télimélé, Mamou, Tougué et Kadé, que l'on trouve le plus grand nombre de bovins.

Au point de vue géographique, le bétail peuple plus par-ticulièrement le plateau central du Fouta et les marches de ce massif : au Sud et à l'Ouest, les vallées du Konkouré et de la Kakrima avec les hauteurs du Kébou et du Maci ; ces deux vallées présentent un gros intérêt pour l'élevage des provinces limitrophes, car pendant la saison sèche les fou-lahs y font séjourner d'innombrables troupeaux ; à l'Est, les vallées du Bafing et de la Téné avec le Koïn ; au Sud-Est, le cercle de Timbo ; au Nord-Est s'étend une des régions d'élevage les plus riches de la Guinée : la zone de Touba et de Kadé, la partie septentrionale du cercle de Boké avec les Bovés.

Tout ce pays renferme, en un mot, une importante réserve de bétail souvent mise à profit autrefois pour la reconstitution des troupeaux du Soudan et de la Haute-Guinée décimés par des épizooties ou détruits par les bri-gandages d'envahisseurs.

L'élevage n'est pas resté cantonné chez les foulahs ; de son berceau, la race s'est irradiée un peu partout mais sur-tout en Haute-Guinée ; détruits par les bandes de Samory, les troupeaux s'y sont rapidement reformés et s'accroissent chaque année tant par la production du bétail indigène que par un apport constant du Fouta-Djallon. Le milieu est plus favorable qu'en Basse-Guinée, et les Bambaras et Malinkés ont, plus que les Soussous, les Dialonkés et les Bagas, le goût de l'élevage.

En Basse-Guinée existent, par endroits, en Mellacorée et dans le Haut-Nunez par exemple, des colonies foulanes et sarakolées qui ont grandement contribué à l'extension de la race bovine dans cette région. Chez les populations soussous et dialonkés bornant le Fouta ou vivant aux alentours des groupements foulahs, l'élevage a progressé sensiblement. A proximité de la vallée du Konkouré, aux environs de Demokoulima ; dans le cercle de Kindia, particulièrement le Cania, le Bambaya du cercle de Boffa ; dans le Bramaya, le Soumbaya, le Labaya et une bonne partie du cercle de Dubréca ; en Mellacorée, Dialonkés et Soussous possèdent quelques troupeaux.

Enfin, des indigènes de toutes races, des Dioulas, servent fréquemment d'intermédiaires entre producteurs et acheteurs ; certains d'entre eux pratiquent un mode de commerce spéculatif en achetant en petite quantité du bétail au moment ou les Foulahs vendent le plus volontiers, pour le revendre ensuite dans les gros centres ou à Sierra-Léone.

En résumé, dans la répartition du bétail en Guinée française, on peut constater que les troupeaux sont plus abondants dans les régions les plus favorables ; le plateau et les degrés du Fouta, la Haute-Guinée et certains points de la Basse-Guinée, partout où se sont installés les populations pour lesquelles l'élevage est la principale ressource : les Foulahs en premier lieu, puis les Bambaras et Malinkés.

DESCRIPTION DE LA RACE

On ne rencontre, dans toute l'étendue de la Colonie, qu'une seule race bovine, du groupe des taurins, c'est-à-dire sans bosse, dont l'aire de dispersion dépasse d'ailleurs les limites de la Guinée, puisqu'on la trouve encore en abondance au Soudan et au Sénégal.

Elle semble avoir été introduite primitivement dans le Fouta par des Peuhls et son origine asiatique est probable ; elle s'est étroitement adaptée aux conditions d'existence qu'elle a rencontré dans cette région montagneuse et s'est fixée en un type exclusif de petite taille dont les caractères sont les suivants :

Caractères zootechniques. — Le bœuf de Guinée ou *N'Dama*, du nom d'une missidi foulah du cercle de Kadé, appartient au groupe des races brachycéphales de Samson, la largeur du crâne égale ou excède légèrement sa longueur.

Le chignon est peu saillant et peu sinueux ; les sommets, faiblement proéminents, sont écartés l'un de l'autre. Les cornes, à section circulaire et fortes à la base, se dirigent un peu obliquement en haut et en avant, puis en dehors, et se rencontrent plus ou moins en dedans à leur extrémité ; très développées par rapport à la taille des animaux, elles s'effilent progressivement et se terminent en pointe aiguë ; de coloration blanche ou blanc sale, elles sont noires à l'extrémité ; elles semblent parfois avoir subi sur elles-mêmes une légère torsion.

Le front est large et plat, à bosses frontales peu marquées et sans dépression sensible entre les orbites ; les apophyses zygomatiques sont très accentuées. Les sous-naseaux forment une voûte plein cintre. Le profil est droit, la face large et courte, la bouche grande.

La race est de petite taille ; la hauteur au garrot varie entre 1ᵐ05 et 1ᵐ20 ; les vaches sont plus petites que les taureaux et surtout que les bœufs ; ces derniers atteignent rarement plus de 1ᵐ18.

La conformation générale, dans son ensemble, semble parfois un peu massive et trapue pour les taureaux, mais les formes sont harmonieuses et d'une grande finesse chez le bœuf et surtout chez la vache.

Le squelette, léger, supporte un corps ample et assez long garni de masses musculaires bien développées. La tête est forte, la poitrine haute et la côte ronde, sanglée parfois en arrière des épaules, le garrot peu saillant, noyé le plus souvent, le rein et le dos plats et larges, la ligne dorso-lombaire rectiligne, mais souvent le train postérieur est plus élevé par l'antérieur de 1 ou 2 centimètres; il est musclé mais la culotte est fréquemment mal descendue. L'encolure est courte, assez forte chez le taureau, grêle chez la vache. Les membres, minces, sont à canons courts et grêles, terminés par des onglons petits à corne dure. L'attache de la queue est un peu haute.

Les poils sont fins et courts, la robe présente toutes les nuances du fauve, mais la plus répandue est froment ordinaire; elle présente toujours des renforcement de ton aux extrémités et s'éclaircit au contraire sous le ventre, à la face interne des membres. On voit souvent encore des robes très foncées, jusqu'au noir franc, ou pie-noires, pie-fauves, mais rarement complètement blanches.

La peau est fine et souple et forme un fanon peu marqué qui n'existe que dans la partie inférieure de la poitrine. Les muqueuses sont généralement roses, mais aussi fréquemment noires.

Le dimorphisme sexuel est surtout accusé par des formes plus massives chez le taureau, fines et grêles chez la vache; la taille s'élève de quelques centimètres par la castration chez les mâles.

Le poids d'un bœuf adulte et en bon état, tel que les animaux se trouvent pendant la période des pluies, est rarement inférieur à 250 kilos et peut atteindre parfois, pour les sujets de forte taille, 350 kilos.

La race extrêmement rustique n'est rien moins que précoce; le bœuf n'est vraiment adulte qu'à six ans; l'évolution des dents de remplacement n'est terminée qu'à cet âge. La vache ne donne pas son premier veau avant cinq ans.

Aptitudes. — Aucune aptitude n'a été spécialement développée comme dans toutes les races des pays chauds.

Lait. — La vache est très peu laitière; la quantité de lait sécrétée en pleine période de lactation n'excède pas deux litres par jour. Mais la lactation se prolonge très longtemps, par suite du mode d'élevage naturel pratiqué par les indigènes ; les jeunes suivent leur mère au pâturage dès l'âge de dix mois et continuent longtemps encore à puiser à la mamelle. Ainsi que l'écrivait M. Pierre, « il n'est pas rare de voir une vache tétée encore par son produit alors qu'elle en a déjà un second » ; des nourrices allaitent ainsi concurremment un jeune veau et une bête de dix-huit mois ou même de deux ans, ce qui est tout aussi préjudiciable à la mère qu'au dernier veau.

Le lait est, par contre, très riche en matières grasses et donne un beurre abondant, compact et ferme. Les mamelles sont très peu développées et sont peu visibles à l'extérieur ; alors que sur nos races européennes les plus améliorées en vue de la production laitière on rencontre parfois des trayons supplémentaires, il nous a été donné d'observer une fois une anomalie d'ordre inverse sur une vache de sept ans qui nous fut présentée comme stérile ; les trayons des deux quartiers antérieurs étaient bien développés, mais les deux trayons des quartiers postérieurs étaient à peine indiqués.

Le mode de vie rustique des animaux les laisse exposés à toutes les intempéries, à la chaleur excessive des journées qui favorise les déperditions cutanées aux dépens de la sécrétion mammaire ; la qualité inférieure des pâturages, leur état de sécheresse et leur insuffisance pendant la moitié de l'année, les alternatives de disette et d'alimentation constituent autant d'obstacles à la production du lait.

Viande. — La race paraît beaucoup mieux douée sous le rapport de la boucherie. Le rendement moyen des bœufs en bon état de chair pendant la saison des pluies est généralement supérieur à 50 %. Parfois même, certains individus mieux conformés que leurs congénères donnent un rendement en viande nette de 54 et 55 % pour les quatre quartiers. Cette proportion élevée, pour surprenante qu'elle paraisse, eu égard aux conditions défectueuses d'entretien des animaux, est cependant très exacte et a été déterminée par de nombreuses pesées comparatives d'animaux vivants et des quartiers correspondants sur le bétail de consommation abattu à Mamou.

Il existe toujours une étroite corrélation entre le rendement et la qualité de la viande; aussi cette dernière est-elle bonne, de grain serré, mais un peu sèche, peu infiltrée de graisse. Les dépôts graisseux connus en extérieur sous le nom de maniements résultant de la transformation du tissu conjonctif sous-cutané en tissu adipeux sont peu développés; la graisse de couverture et la graisse interne de coloration jaune sont assez peu abondantes; cette dernière couvre cependant les rognons, la graisse intra-musculaire manque généralement; elle existe dans les espaces interépineux, le long de la face interne de l'attache des côtes sur le sternum.

Les animaux en bon état sont bien en chair, mais non pas gras, ce qui tient au régime exclusif du pâturage auquel ils sont soumis et à l'irrégularité de l'alimentation selon les saisons; en améliorant celle-ci, il est certain que la viande de ce petit bœuf deviendrait très savoureuse et de toute première qualité.

Travail. — Le bétail est entretenu en état de semi-liberté, constamment en plein air. Le caractère des animaux est donc un peu ombrageux, mais il est très susceptible de s'adoucir par l'éducation. Le dressage des bœufs au travail n'est pas effectué par les indigènes. L'état de routes et la configuration montagneuse du sol s'opposent à son utilisation comme bête de trait. D'autre part, les procédés de culture sont rudimentaires et le labour à la charrue totalement inconnu des indigènes, le défonçage des terrains étant d'ailleurs contre-indiqué en presque tous les points en raison de la faible épaisseur de la couche arable.

Dans les stations agronomiques, sur les travaux neufs du chemin de fer, dans quelques exploitations agricoles privées dirigées par des européens des bœufs sont attelés pour le labour et le charroi. Dans les terres les plus légères leur allure rapide les rend particulièrement aptes à tirer la charrue. Il faut avoir soin cependant de ne pas leur imposer de trop grandes fatigues ou de violents efforts si l'on veut éviter des pertes nombreuses. On aura tout avantage à augmenter le nombre des animaux de l'attelage. Le travail demande en outre à être convenablement gradué et il est préférable de ne l'imposer que pendant les heures fraîches de la matinée.

MENSURATIONS ET PESÉES

Le relevé de quelques mensurations et pesées pratiquées à Mamou sur des sujets d'âge et de format différents permettra de mieux se rendre compte de la conformation et de la valeur de la race au point de vue de la boucherie :

	Bœuf	Bœuf
Age	3 ans	4 ans
Taille au garrot	1ᵐ 01	1ᵐ 04
Tour de poitrine	1ᵐ 40	1ᵐ 51
Tour spiral de Crevat	390 livres	430 livres
Poids vif	187 kilos	220 kilos
Poids des quatre quartiers	103 kilos	110 kilos
Rendement	50 %	50 %

	Bœuf	Bœuf
Age	5 ans	5 ans
Taille	1ᵐ 15	1ᵐ 16
Tour de poitrine	1ᵐ 54	1ᵐ 66
Tour spiral	480 livres	630 livres
Poids vif	248 kilos	310 kilos
Poids des quatre quartiers	124 kilos	162 kilos
Rendement	50 %	50 %

	Taureau	Bœuf
Age	6 ans	6 ans
Taille au garrot	1ᵐ 09	1ᵐ 11
Tour de poitrine	1ᵐ 60	1ᵐ 57
Tour spiral de Crevat	610 livres	530 livres

	Taureau	Bœuf
Poids vif	300 kilos	267 kilos
Poids des quatre quartiers	148 kilos	134 kilos
Rendement	49,33 %	50,18 %

	Bœuf	Bœuf (1)
Age	6 ans	6 ans
Taille au garrot	1m 05	1m 14
Tour de poitrine	1m 62	1m 69
Tour spiral de Crevat	510 livres	630 livres
Poids vif	287 kilos	305 kilos
Poids des quatre quartiers	142 kilos	167 kilos
Rendement	49,48 %	54,75 %

	Bœuf	Bœuf
Age	6 ans	6 ans
Taille	1m 12	1m 20
Tour de poitrine	1m 58	1m 67
Tour spiral	530 livres	620 livres
Poids vif	266 kilos	300 kilos
Poids des quatre quartiers	138 kilos	158 kilos
Rendement	50 %	50 %

	Bœuf	Bœuf
Age	7 ans	7 à 8 ans
Taille	1m 07	1m 15
Tour de poitrine	1m 59	1m 67
Tour spiral	500 livres	600 livres
Poids vif	254 kilos	272 kilos
Poids des quatre quartiers	132 kilos	149 kilos
Rendement	50 %	50 %

	Bœuf	Bœuf
Age	7 ans	8 ans
Taille	1m 21	1m 18
Tour de poitrine	1m 77	1m 73
Tour spiral	680 livres	670 livres
Poids vif	330 kilos	316 kilos
Poids des quatre quartiers	171 kilos	165 kilos
Rendement	51,51 %	52,21 %

---

(1) Acheté à Mamou fin juillet par un boucher, 85 francs.

	Bœuf	Bœuf (1)
Age	7 ans	9 ans
Taille	1m 12	1m 24
Tour de poitrine	1m 63	1m 82
Tour spiral	570 livres	850 livres
Poids vif	267 kilos	390 kilos
Poids des quatre quartiers	146 kilos	210 kilos
Rendement	54,68 %	53,92 %

Le poids des cuirs frais des bœufs adultes est compris entre 12 et 20 kilos ; le foie pèse de 3 à 5 kilos, le poumon et le cœur réunis 4 à 6.

Ces observations prises parmi d'autres très nombreuses nous permettent de conclure que l'on peut admettre pour les bœufs âgés de six ans au moins un poids vif moyen de 250 à 300 kilos pendant l'hivernage, sans la période régulière de jeûne de vingt-quatre heures il est vrai ; mais les animaux attachés à un piquet pour la vente n'ont presque rien ingéré de la journée au moment de la pesée. Le poids du bœuf du Fouta-Djallon est donc plus élevé que l'on ne le pense ordinairement. Il faut tenir compte, en effet, et nous insistons là-dessus, que cet animal n'est pas adulte avant six ans, qu'il n'acquiert sa valeur maximum qu'à sept et huit ans et que l'éleveur n'a pas toujours eu la patience d'attendre cet âge pour en trafiquer.

On a trop souvent conclu du particulier au général en préjugeant de la race par le seul aspect de bêtes jeunes de trois, quatre et cinq ans.

Il semble également résulter des pesées faites que le rendement, assez élevé dans le jeune âge, passe vers quatre et cinq ans surtout à sa valeur minimum pour se relever ensuite. A noter que dans l'évaluation de la viande nette des quatre quartiers rentrent le « rognon de chair » et le

---

(1) Cette bête superbe aurait pu gagner près de 50 kilos si elle avait été soumise à un régime approprié ; il n'est pas douteux que par sélection on ne parvienne à produire un grand nombre de tels bœufs.

« rognon de graisse », mais par contre que la « joue » et les os de la tête qui la supportent n'y sont pas compris.

Il est possible d'évaluer le poids vif des animaux à l'aide du ruban zoométrique de Crevat, par la mesure du tour spiral qui donne une valeur assez approchée, mais qu'il est nécessaire d'interpréter d'après la conformation et l'état d'engraissement de chaque bête, ce n'est que par l'habitude et une longue pratique que l'on peut acquérir une grande habileté ; il est nécessaire, en outre, de placer convenablement les animaux ce qui n'est pas toujours facile en raison de leur indocilité.

<h3 style="text-align:center">MODIFICATIONS SELON LES RÉGIONS</h3>

Les troupeaux ne rencontrent pas partout des conditions identiques de milieu ; nous avons vu que la Guinée comportait à cet égard trois régions bien distinctes, mais dans la même région, les animaux peuvent être soumis à des conditions différentes

Le bétail du Fouta présente généralement une taille plus élevée et un format plus développé que celui qui s'est reproduit depuis quelques générations en Haute et Basse-Guinée. Bien que la végétation herbacée soit extrêmement abondante dans toute la Colonie, la superficie des bons pâturages est restreinte. Dans les pays envahis par la latérite, la région de Timbo et de Koïn par exemple, la taille est plus petite, elle s'élève, au contraire, dans le Maci, dans le Kébou, le Labé, le Goumba, le Kinsau, le Tamisso et en général dans les provinces bordant au Nord et au Sud le Konkouré.

Cette dernière vallée, avec celle de la Kakrima et ses nombreux tributaires de moindre importance et les plateaux qui les surplombent, forment en effet la meilleure zone d'élevage de la Colonie ; l'humidité de l'atmosphère est suffisante pour y conserver en saison sèche, sur une assez grande étendue de l'herbe encore verdoyante où pâturent des troupeaux envoyés de tous les pays environnant.

En Basse-Guinée, il est des points où le sol, complètement rocheux et latéritique avec des poches de terre de mauvaise qualité, offre au bétail une végétation abondante, mais d'une grande pauvreté botanique. C'est ainsi que dans les environs immédiats de Conakry, les quelques troupeaux que l'on rencontre ne renferment que des animaux chétifs, à conformation défectueuse, de format réduit et présentant des signes non équivoques de dégénérescence. Le troupeau du jardin d'essai de Camayenne, entretenu cependant dans d'excellentes conditions, abrité du soleil et des intempéries, recevant un supplément de ration en fourrage sec, en est l'exemple le plus frappant.

Des caractères secondaires s'unifient souvent pour le bétail d'une région donnée. Par suite du petit nombre d'échanges qui s'effectuent en certains endroits, les animaux d'un village se reproduisent constamment entre eux, il se crée des sortes de variétés locales, des troupeaux présentent ainsi le même cornage ou le même pelage.

En Haute-Guinée, on rencontre quelques métis du zébus et de la vache n'dama, mais seulement au long des routes suivies par les caravanes des maures, ils résultent de saillies accidentelles.

Il reste à signaler parmi les meilleures régions d'élevage la vaste superficie du cercle de Kadé, intéressante en raison des populations bovines qui s'y rencontrent. Dans la partie Ouest de ce cercle, dans la zone de Kadé proprement dite, et dans les Bovés, la densité du bétail est très élevée. En dehors des foulas sédentaires, des foulacoundas de race peuhl à peu près pure s'adonnent à l'élevage. Ils ont conservé les traditions pastorales de leurs ancêtres, leur installation en un point est toute provisoire et ne dure que le temps d'y faire une récolte. La saison sèche venue, ils abandonnent leur campement de quelques mois et se transportent eux et leurs troupeaux sur les rives des grandes rivières du pays, du Tominé surtout, par de nombreuses et lentes étapes. Aussi est-il difficile de donner même approximativement la valeur numérique de leur bétail dont le recensement est à peu près impossible. C'est une population flottante qui se déplace d'un moment à l'autre et dont l'existence est entièrement subordonnée à celle de leurs animaux.

Chez les foulas sédentaires de ce même pays, on rencontre, en dehors de la race ordinaire du Fouta-Djallon, une variété dite du N'Gabou et dont l'habitat est plus spécialement en Guinée portugaise ; les deux variétés coexistant dans les mêmes troupeaux et des croisements s'effectuent constamment entre elles.

La conformation générale du N'Gabou est analogue à celle du N'Dama, le garrot est cependant un peu mieux sorti chez les sujets purs, mais le train postérieur est plus étriqué ; le chanfrein est plus court et le front semble moins franchement brachycéphale. La coloration de la robe et des muqueuses le distingue surtout, la robe est parfois presque complètement blanche, mais toujours plus ou moins mélangée de poils noirs répartis en petits bouquets, de préférence au garrot, aux épaules, sur les côtés de l'encolure et du bras. On trouve encore des robes à trois couleurs par addition de poils rouges, mais le blanc est toujours prédominant.

Les muqueuses et le pourtour des ouvertures naturelles sont noirs.

Peut-être cette population s'est-elle formée par suite de croisements anciens entre le bœuf à bosse du Sénégal et le N'Dama.

Elle n'offre d'ailleurs aucun intérêt spécial et ne se distingue en rien de sa voisine pour le rendemet en lait ou en viande.

Dans le Badiar, à peu de distance de la région précédente, les Koniaguis élèvent un peu de bétail appartenant aux deux variétés décrites. S'ils sont beaucoup moins abondants que dans le reste du cercle, en revanche les animaux auraient une taille plus élevée et un poids plus considérable.

Les Koniaguis en effet consomment plutôt du « dolo »,

sorte d'eau-de-vie de mil, que du lait, et tout le produit de la sécrétion mammaire revient au jeune, ce qui permet à celui-ci d'acquérir un volume plus ample.

BŒUFS SANS CORNES

Des bovidés sans cornes se rencontrent parfois, particulièrement au Fouta-Djallon, dans le Maci, la région des Timbis et le Labé. Ils sont, du reste, très rares par rapport aux autres bovidés et dispersés par unités isolées dans le gros des troupeaux.

On voit également, se rattachant à ce groupe, des animaux présentant une anomalie voisine et désignés sous le nom de *bœufs à cornes molles* ou tremblantes, terme plus expressif. L'étui corné existe seul dans la plus grande longueur de l'appendice, soutenu seulement à sa base par une cheville osseuse très courte, incomplètement développé. Les cornes se dirigent d'abord en dehors, puis verticalement en bas, donnant à l'animal une physionomie qui rappelle un peu celle de notre garonnais ; elles présentent, en effet, des mouvements limités autour de leur base.

Il faut ajouter que, généralement, on constate l'absence complète de l'excroissance chez les vaches, tandis que chez les mâles l'étui corné se développe plus ou moins. De chaque côté du chignon il existe une déformation compensatrice du frontal à l'emplacement de la cheville osseuse absente.

On voulut faire autrefois des individus présentant cette particularité une race spéciale analogue à la race d'Angus, mais il est certain qu'il faut l'envisager seulement comme un exemple de variation spontanée apparue autrefois dans les troupeaux et qui renaît de temps à autre par atavisme. L'hérédité directe de l'anomalie est loin d'être de règle, d'autant que les accouplements non surveillés se produisent constamment entre animaux des deux catégories.

Les Foulahs prétendent que les vaches sans cornes sont d'un caractère plus sauvage, ce qui paraît effectivement très réel, mais il est probable que ce fait est seulement engendré par la difficulté qu'éprouvent les indigènes dans la contention de ces bovins chez lesquels il n'existe aucun point fixe pour maintenir la tête. Elles ont la réputation d'être meilleures laitières, ce qui demande à être démontré. Quoi qu'il en soit, le propriétaire d'une de ces vaches lui témoigne une sorte de vénération particulière et l'entoure de plus de soins que les autres ; il n'accepterait à aucun prix de s'en dessaisir. La traite est souvent difficile et l'on est parfois obligé d'entraver aux jarrets les membres postérieurs.

Il n'existe aucune autre différence appréciable dans les caractères zootechniques de ces animaux ; la tête semble plus allongée dans le sommet du crâne par suite de l'absence des cornes. La conformation générale est identique à celle du N'Dama ordinaire et la taille n'est ni plus élevée ni plus petite.

L'éleveur et ses méthodes.

Si l'influence du milieu sur la morphologie d'une race est prépondérante, il faut compter aussi avec l'aptitude ou l'habileté de l'éleveur à profiter des conditions offertes.

Les méthodes d'élevage ne varient guère chez les diverses peuplades de la Guinée ; elles restent liées au caractère commun et fondamental de ces peuplades, leur traditionalisme et leur insouciance du progrès.

Ce sont les Foulahs qui détiennent la majeure partie des troupeaux et ils ont parmi les noirs la réputation, d'ailleurs justifiée, d'être avant tout des éleveurs. Descendants de pasteurs, en devenant sédentaires, ils adaptèrent l'existence nouvelle de leur bétail à leur nouveau genre de vie en même temps qu'ils demandèrent à la terre leur propre subsistance. Ils surent conserver les richesses acquises : les captifs et le bétail ; les premiers étaient chargés de l'exécution des travaux agricoles, les troupeaux fournissaient le lait dont le Foulah fait une grande consommation, et devenaient le produit d'échange servant à acquérir des objets de nécessité ou de luxe : fusils, chevaux, en même temps qu'ils représentaient le critérium le plus certain de la richesse individuelle et, comme tels, étaient jalousement conservés.

La médiocrité des méthodes d'élevage, l'absence du souci d'amélioration du bétail peuvent être incriminés, dans une certaine mesure, aux divisions intestines, aux guerres et aux brigandages continus qui n'ont cessé de régner jusqu'à notre établissement dans le pays; le fatalisme, spécial aux populations africaines, fétichistes où musulmanes, sont également des causes de cet état stationnaire de l'élevage.

Les Foulahs se groupent suivant plusieurs modes d'habitation. Dans les missidis, centres administratifs et religieux, avec la mosquée et l'école, les foulassos, séjour ordinaire des maîtres et leur propriété particulière, il ne reste que le nombre de vaches indispensables à la consommation de chaque famille ; dans les roundés, villages de serviteurs, on en compte également très peu.

Le gros des troupeaux demeure dans les régions de bons pâturages, autour des « gorés » sous la surveillance de bergers, gorés qui sont établis en des points déterminés selon la saison.

La tradition pastorale a donc été conservée dans son principe ; le régime des animaux est exclusivement le pâturage ; c'est la nature seule qui est chargée de leur entretien et l'homme n'intervient ici que dans une faible mesure dans l'exploitation et l'alimentation du bétail. Aussi cette dernière dépend-elle au premier chef des variations climatériques.

Or, en Guinée comme dans tous les pays tropicaux, on peut distinguer deux saisons nettement tranchées.

La première, qui va de mai à novembre, est pour les bœufs la période d'abondance. Avec les premières pluies, l'herbe pousse vigoureusement au creux des vallées, dans la forêt clairsemée, sur les hauts-plateaux et jusque sur les grandes étendues latéritiques des bowals. La Guinée n'est plus qu'un immense pâturage dont les qualités sont très variables d'un point à un autre. Au début de l'hivernage surtout, cette vaste prairie naturelle fournit une excellente nourriture ; mais à mesure que la végétation s'accroît, l'herbe haute devient de plus en plus ligneuse et dure et n'offre plus aux sucs digestifs, dès la fin des pluies, qu'une proportion trop forte de cellulose.

Cette confortable abondance, succédant à la disette de la saison sèche, ne tarde pas à mettre les bovidés en excellent état, si bien qu'en juin on rencontre par grands troupeaux, dans les régions les plus élevées du Fouta, des bœufs aux formes pleines et rebondies, qui ne semblent nullement souffrir des intempéries de la saison.

Mais déjà en novembre et décembre, l'alimentation des animaux devient pour eux-mêmes un problème plus ardu.

L'herbe se dessèche rapidement. Sur les plateaux et à flanc de coteau, ils ne trouvent plus la moindre quantité de fourrage ; les bowals sur lesquels l'herbe est courte, dure et pauvre, ont pris une teinte générale jaunâtre et ne sont plus utilisés depuis longtemps. C'est la période critique pour l'élevage.

L'état sanitaire, excellent jusque là, subit un fléchissement brusque ; les animaux en état de moindre résistance se laissent envahir par des parasites, ou bien les infections latentes contractées pendant les pluies semblent recevoir un coup de fouet et se développent. On constate une recrudescence marquée de la morbidité et de la mortalité pendant la saison sèche et plus encore pendant les périodes de transition.

Dès le début de la saison sèche, et aussitôt après les récoltes, les Foulahs ne s'occupent plus que de leur bétail. Ce dernier quitte les plateaux plus ou moins latéritiques où il a passé la saison des pluies et est envoyé dans les points où il aura plus de chance de trouver sa nourriture : au bord des rivières, à la lisière des forêts, dans les failles où le sol plus humide et formé de détritus alluvionnaires permet à la végétation de durer davantage.

Vient alors la période des feux de brousse ; hâtifs en Haute-Guinée, plus tardifs au contraire au Fouta. Désastreux au point de vue des peuplements forestiers, et du caoutchouc en particulier, ils sont pratiques au point de vue de l'agriculture et nécessaires en certains cas pour l'élevage en l'absence de toute fauchaison. On voit, grâce à eux, repousser dans les points les plus herbagés, entre les tiges lignifiées et à demi calcinées, de jeunes pousses et quelques touffes de graminées qui durent peu, que les animaux recherchent avidement et qui leur permettront d'attendre les premières pluies.

Les bœufs errent lamentablement dans la brousse sèche ou brûlée ; ce qu'ils y trouvent est généralement insuffisant, sauf en quelques vallées priviligiées comme celle du Konkouré, à assurer leur alimentation. Ils maigrissent rapidement.

Sur les plateaux du Mani, de Dalaba, de Pita, de Labé, le mouvement de transhumance est surtout sensible.

L'aspect du pays en saison sèche contraste singulièrement avec celui qu'il avait quelques mois plus tôt. On ne voit plus au long des routes ces nombreux et magnifiques troupeaux qui donnent à la région un air de richesse.

Ça et là seulement, au milieu de la végétation haute et desséchée, quelques bêtes amaigries cherchent une problématique nourriture.

Afin de compléter le lest de leur ration, ils s'attaquent alors aux feuillages grossiers et aux pousses des arbustes bas que la montée de sève qui se produit en février et mars a fait sortir :

Mimosas, hibiscus, bani, tiévé, yibé, goligoli, forékodougou, pousses des arbres tiébé et boullé, pousses de bambou, feuilles de bananier, de ficus, que parfois même les indigènes leur distribuent volontiers.

La faim des animaux est si aveugle vers la fin de la saison sèche qu'ils perdent l'instinct qui leur permet, en temps normal, de délaisser les plantes dangereuses ou toxiques.

Une mortalité assez grande sévit chaque année à cette

époque sur les troupeaux, provoquée par des intoxications d'origine végétale.

En certaines vallées privilégiées, cependant, les animaux souffrent peu et peuvent se maintenir à peu près en état.

L'émigration du bétail sur les hauteurs pendant la saison humide se retrouve à la base des modes d'élevage de toutes les races rustiques vivant dans les conditions de milieu analogues à celles qui entourent les bovidés guinéens.

Mais ici elle offre de plus un précieux avantage; c'est de réduire dans d'importantes limites les ravages des maladies épidémiques et particulièrement des trypanosomiases.

Dans la zone montagneuse, à végétation rabougrie, les glossines sont infiniment plus rares que dans les vallées à hautes futaies, dans les plaines basses à fourrés épais où les mouches s'abritent plus volontiers. Les rivières elles-mêmes des régions élevées, à rives peu ombragées conviennent mal à la tsé-tsé; mais le manque d'eau, en saison sèche, aussi bien que la sécheresse de la végétation, empêche l'indigène d'y faire séjourner son troupeau à cette époque; il est réduit à rechercher les grandes vallées plus basses où les animaux trouveront l'eau nécessaire à l'abreuvement et un fonds plus humide.

Le bétail a donc des conditions d'existence défectueuses.

L'éleveur, d'une façon générale, y tient cependant énormément; il n'est pas pour lui de sacrifice plus pénible que d'être obligé de vendre quelques bœufs, et c'est pour toute la famille, pour les femmes surtout, une réelle douleur, traduite par des lamentations sans nombre, que la perte, le vol ou la vente d'une vache.

Le Foulah possède au plus haut point un sens pratique très développé de l'élevage, une habileté particulière à profiter des circonstances climatériques pour l'alimentation bien qu'il se refuse à établir pour le bétail des réserves de fourrage pour la saison sèche, on ne peut lui dénier une expérience assez éclairée des soins à donner aux bovidés, expérience qui se manifeste surtout par le choix to ujours heureux des zones de pâtures, par l'adresse des bergers dans la garde et le maniement des animaux, par l'application dans quelques cas de maladies, des propriétés thérapeutiques des végétaux de la contrée, la distribution régulière de sel.

On constate même chez quelques éleveurs certain souci d'amélioration, traduit par une sélection, sinon bien rigoureuse, du moins assez intelligente, des reproducteurs mâles. Mais là s'arrête la science ou plutôt l'art trop primitif de l'élevage chez ces populations, décelant cependant un sens pratique très développé de la production maximum avec un effort minimum.

Ces conditions précaires de la vie devaient rendre les animaux exceptionnellement rustiques et résistants ; soumis pendant une partie de l'année à un régime de famine, exposés le reste du temps à toutes les intempéries, à des circonstances extérieures sans aucune stabilité, il s'est produit une élimination naturelle et progressive des individus les moins bien trempés, laissant aux survivants actuels cet attribut qu'aucune autre race ne possède à un tel degré : la rusticité.

REPRODUCTION

L'élevage se faisant en liberté, la reproduction n'est l'objet d'aucune surveillance. Les troupeaux renferment indistinctement tous les produits, taureaux, vaches, jeunes sevrés et bœufs. La monte est donc entièrement libre et n'est pas dirigée par l'éleveur.

Cependant, surtout chez les Foulahs, la castration de jeunes taurillons est assez souvent pratiquée, non que les propriétaires craignent le trouble apporté dans le troupeau par les combats que se livrent les mâles pour la possession d'une femelle en chaleur, mais pour se procurer des bœufs destinés à la vente aux jours de misère ou à la consommation des jours de fête, peut-être aussi par un souci réel d'amélioration.

Mais le nombre des mâles conservés est encore beaucoup

trop élevé et, la plupart du temps, on ne les réforme que trop tard.

On rencontre donc dans un même troupeau des mâles d'âge et de conformation très différents. D'autre part, les vaches de tout âge et de tout modèle ne sont pas écartées de la reproduction; lorsqu'ils consentent à s'en défaire, les indigènes ne les sacrifient qu'à l'extrême limite de la vieillesse, lorsqu'il est bien avéré qu'elles sont inaptes à tout service; nombreuses encore sont celles qui atteignent et dépassent même la vingtième année.

Il résulte de ce double fait une certaine irrégularité dans les accouplements qui s'oppose à toute amélioration sérieuse. Les résultats acquis par l'union de deux beaux procréateurs sont détruits sans cesse par l'accouplement de produits disparates ou défectueux.

La période des chaleurs chez les vaches est beaucoup moins perceptible que sur nos races européennes améliorées; la saillie ne tarde pas à s'ensuivre.

Les naissances sont réparties sur toute l'étendue de l'année, mais se produisent beaucoup plus nombreuses pendant la fin de l'hivernage, en septembre, alors que la vache peut secréter encore beaucoup de lait et trouve une nourriture aqueuse, ce qui permet de faciliter le sevrage du jeune qui trouve au début de l'hivernage suivant une alimentation de bonne qualité.

Au moment du part, la vache quitte parfois le troupeau et recherche dans la brousse un endroit isolé, calme, situé à proximité d'une rivière. Les indigène ne s'inquiètent pas de sa disparition et n'auraient garde de la rechercher. Son absence dure deux ou trois jours au bout desquels le veau est assez fort pour suivre sa mère qui rejoint alors le troupeau.

Dès le début de vêlage, tout le monde s'éloigne car pas un indigène ne voudrait assister à la naissance du jeune, par respect, paraît-il, de l'accouchement de leur mère.

Les accidents du part sont d'ailleurs extrêmement rares et une intervention n'est jamais nécessaire.

Lorsque le veau est né, que la vache l'a suffisamment léché et s'est relevée, il arrive souvent que le produit est séparé de la mère et gardé dans une case une heure ou deux avant de le laisser téter.

A titre de reconstituant, on donne à la vache un barbotage de mil légèrement salé ou un barbotage à base du fruit pilé d'un ficus appelé *Aourou* en bambara et qui aurait la propriété de favoriser la secrétion du lait.

ALLAITEMENT. — SEVRAGE.

Pendant la première période de la vie, une huitaine de jours en moyenne, le veau tète la totalité du lait de sa mère, mais les femmes ne tardent pas à traire la nourrice deux fois par jour, le matin et le soir. Avant d'envoyer le troupeau au pâturage, et au retour, le veau est amené à la mère; il se jette goulument sur les trayons et, lorsque la descente du lait est effectuée, qu'il a avalé quelques gorgées, on le retire et la femme prélève la quantité de lait qu'elle juge nécessaire.

Le même manège se répète pour les trois autres trayons.

Pendant les huit premiers jours, le jeune veau est cependant gardé dans une case; matin et soir, il tète à volonté, il peut donc absorber la totalité du Colostrum. Pour le reste de la journée, on lui prépare un barbotage de farine de mil salé qui est laissé à sa disposition. Au bout d'une semaine, on laisse sortir le veau lorsque la vache est dans la brousse, et on le garde avec les autres aux environs du parc. Lorsqu'il a cinq mois environ, il ne tète plus qu'une fois, le soir généralement, et la nourrice n'est plus tirée qu'à ce moment. A dix mois, le veau est généralement sevré et l'on ne prélève plus de lait, la vache étant de nouveau en état de gestation.

A partir de cet âge, il est conduit au pâturage avec le troupeau tout entier, et il arrive qu'il tète encore de temps à autre. Les indigènes prétendent que si l'animal âgé de plus d'une semaine absorbait tout le lait secrété (deux litres), il risquerait fort de mourir de pléthore ou d'indigestion. Il est probable que cette raison n'est pas le seul mobile qui les pousse à s'approprier le lait, et que leur passion pour cet aliment les empêche de se préoccuper du défaut de développement qui en résultera pour le jeune.

Ce prélèvement exagéré sur une secrétion déjà faible n'en laisse à la disposition des veaux qu'une quantité tout à fait insuffisante; il est obligé de chercher le complément de sa ration au pâturage, alors que son appareil digestif n'est pas encore organisé pour l'assimilation des fourrages. C'est là une des causes qui contribuent le plus au défaut de précocité de la race, d'autant que tous les produits sont conservés et que jamais un veau n'est sacrifié pour la consommation. Il en résulte également une mortalité élevée chez les jeunes, moins cependant qu'on ne pourrait le craindre par suite du défaut de sollicitude et de l'hygiène défectueuse dont ils sont entourés. La diarrhée en est la principale cause.

Lorsqu'une vache perd son veau, elle est extrêmement difficile à traire, elle refuse souvent un veau étranger qui lui-même n'accepte pas volontiers de téter son pis. Les indigènes n'essaient généralement pas de présenter à la mère, ainsi que cela se pratique au Sahel, un mannequin fabriqué de la peau du veau avec lequel on bat la mamelle; ils tachent de faire accepter la vache à un autre veau. A cet effet, ce dernier est privé de nourriture pendant trente-six heures et tenu enfermé dans une case; on l'amène ensuite à la vache dont le veau est mort, et il tète sans trop de difficultés. On ne lui permet d'ailleurs de retrouver sa propre mère que lorsqu'il a dégorgé les nouvelles étrangères; on opère de même deux ou trois fois au bout desquelles le veau est habitué à sa nouvelle nourrice aussi bien qu'à sa nourrice naturelle.

CASTRATION

La castration, quand elle est effectuée, se pratique très tard; jamais avant deux ans et souvent à trois ans seulement.

Les spécialités des « tapeurs » opèrent par martelage en enserrant et en écrasant, en martelant le cordon entre deux baguettes de bois. Faite dans de bonnes conditions, l'opération est avantageuse par sa rapidité et permet d'éviter la plaie qui succèderait à l'ablation ; les indigènes, en vertu de la loi coranique, ont d'ailleurs en horreur toute opération sanglante et leurs méthodes de traitement tendraient à favoriser l'infection, même chez le bœuf, plutôt qu'à l'éviter.

La castration n'est pas toujours parfaite ; si la circulation n'est pas complètement interrompue, l'écrasement partiel du cordon guérit, le testicule ne s'atrophie pas ou ne s'atrophie qu'incomplètement et conserve tout ou partie de ses propriétés physiologiques.

Enfin, il existe assez fréquemment des plaies à la suite des contusions répétées du cordon, plaies qui peuvent facilement s'infecter, parfois même se gangrener.

En dehors du Fouta-Djallon, en Basse et Haute-Guinée, la castration est extrêmement peu répandue.

Le bistournage est complètement inconnu ; des essais de propagation de ce procédé ont eu lieu, mais il est très difficile de faire accomplir aux indigènes le simple mouvement de bascule du testicule. Le procédé de castration par fouettage élastique, simple, à la portée de tout le monde, pourrait avoir des chances de se répandre ; la ligature, facile à se procurer en Guinée, ne serait autre chose qu'un cordon de caoutchouc brut d'excellente qualité.

Des expériences faites en 1908 nous donnèrent des résultats concluants.

Utilisation par l'indigène des produits de l'élevage des bovidés.

Lait. — On a vu plus haut que les indigènes, et principalement les Foulahs, sont très avides de lait ; aussi enlèvent-ils au veau toute la quantité de ce liquide qu'il est matériellement possible de lui soustraire.

Ce lait, recueilli dans des calebasses, est laissé dans les récipients jusqu'à ce qu'il soit aigre, puis consommé en le mélangeant ou non au riz ou au fonio. Les calebasses, pour aussi bien lavées qu'elles soient, restent toujours plus ou moins souillées, et d'autre part, la traite se fait sans aucune précaution de propreté; les femmes se bornent à se rincer les mains à l'eau tout d'abord.

L'indigène fabrique également du beurre mal lavé, non seulement pour ses préparations culinaires, mais encore pour être utilisé à la toilette et à la coiffure des femmes. Celles-ci, au moment de la construction de l'édifice s'en imprègnent les cheveux et s'enduisent même le corps de ce produit qui rancit rapidement, au grand dommage des narines délicates des européens.

La fabrication en est toute primitive : la crème de la surface est transvasée dans une calebasse agitée jusqu'à consistance du contenu. Les calebasses utilisées pour la laiterie sont nettoyées avec des feuilles râpeuses d'arbres et d'arbustes lavées à l'eau et séchées au soleil.

Aux environs des grands centres du Fouta-Djallon, tels que Manou, on constate chez le Foulah, propriétaire d'un troupeau important, une tendance marquée à diminuer sa consommation personnelle de laitage pour envoyer le lait au marché, soit en nature, soit sous forme de beurre bien préparé, utilisable pour la cuisine et parfois même pour la table. Les prix atteints par ces produits sont très rémunérateurs et expliquent l'extension de ce commerce. A Manou, le litre de lait vaut de 0 fr. 50 à 0 fr. 75 et le litre de beurre de 2 à 3 francs.

Viande. — Bien que la viande soit pour tous les indigènes un régal sans pareil, la consommation qu'ils en font est assez limitée. Les troupeaux constituent leur richesse visible, un capital qu'ils voudraient toujours voir s'accroître sans jamais en prélever la moindre part. Aussi ne se réservent-ils d'y toucher qu'à l'occasion de leurs fêtes ou de leurs sacrifices, pour les événements importants de l'existence.

La consommation de la viande est alors liée à des mœurs assez curieuses.

Au début de l'hivernage, au commencement et à la fin des grands travaux de défrichement des terres et des ensemencements faits en commun, le chef de case abat un nombre suffisant d'animaux, taureaux ou bœufs, moutons, etc, pour distribuer de la viande à toute sa famille et tous ses travailleurs.

Lors de la célébration d'un mariage, l'homme donne un festin à base de viande le plus souvent aux invités plus ou moins nombreux.

Pour la célébration d'une naissance, à la fin de la première semaine qui suit l'accouchement, lorsque la mère et l'enfant effectuent leur première sortie, on tue également un bœuf ou un mouton. De même, pour un décès, en Haute-Guinée, une semaine après l'ensevelissement du cadavre, la famille se réunit sur la tombe et au-dessus de l'emplacement de la tête du mort, sacrifie tantôt un taureau, tantôt un bélier, un bouc, un coq, selon les ressources dont elle dispose ; si elle est assez riche, un animal mâle et entier de chaque espèce est ainsi saigné, la viande en est partagée entre tous les assistants.

Chez les Foulahs, c'est devant la case du mort que sont abattus les animaux.

Les bêtes tuées sont le plus souvent des mâles entiers, ceux qui sont castrés étant réservés pour la vente et constituant une ressource en cas de besoin urgent.

Cuirs. — Les cuirs sont livrés au commerce en raison du prix élevé qu'ils atteignent. Les indigènes ne gardent que peu de dépouilles pour la fabrication de chaussures et pour servir de tapis sur lesquels ils s'étendent ou font le salam.

Mais c'est plus spécialement la peau de mouton qui sert à ce dernier usage. Les peaux de chèvre sont utilisées par les ouvriers d'art à la confection de chaussures, de fourreaux de couteaux ou de sabres, de couvertures d'ouvrages sacrés, de menus objets qui ne manquent pas d'un certain cachet artistique.

Les peaux sont préparées sommairement après le dépouillement du cadavre, le cuir, débarassé par râclage des débris de chair qui y adhèrent, est énergiquement frotté de cendres, puis tendu sur le sol, au grand air et le plus souvent au soleil ; il est maintenu à l'aide de petites chevilles de bois fixées à sa périphérie. Une fois sèche, il est plié ou roulé et prêt à être employé ou vendu. Les Foulbas sont très habiles à cette préparation ; ils apportent dans les centres de traite des feuilles d'une grande surface dont la légéreté surprend tout d'abord le profane.

Les peaux de chèvre seules sont tannées avant emploi.

Transactions commerciales.

Bien que l'on constate encore chez l'indigène une tendance marquée à conserver son bétail, due à la fois au réel attachement qu'il lui témoigne, à l'orgueil qu'il ressent de la possession d'un important troupeau et à la considération qu'il en retire, nous devons reconnaître aujourd'hui que la nécessité lui a appris à considérer ses bœufs sous un jour plus pratique. Le bétail de Guinée n'est plus une stérile et improductive richesse, mais au contraire, est devenu un élément de trafic des plus importants. Les causes de cette multiplication rapide des transactions commerciales portant sur les animaux domestiques doivent être rapportées à l'extension même de notre influence dans la Colonie tout entière, à l'agencement de voies de communication, à l'exécution des grands travaux publics tels que le Chemin de fer, au développement économique si remarquable qui en est résulté par la création de nombreux centres de traite, à l'accroissement parallèle des besoins de l'indigène mieux et plus fréquemment sollicités ; enfin, à la demande toujours plus grande des Colonies étrangères voisines.

Commerce intérieur. — Le commerce intérieur du bétail est assez actif et porte, en majeure partie, sur des animaux de grosse boucherie, c'est-à-dire des bœufs et des taureaux.

Il a surtout pour fonction, non seulement de ravitailler les grands centres commerciaux et les agglomérations européennes, mais encore de contribuer à l'alimentation de la population toujours croissante des manœuvres, ouvriers, artisans indigènes et, en règle générale, de tous ceux qui touchent un salaire en espèces et qui peuvent s'offrir le luxe d'acheter de la viande.

Si le producteur n'a pas encore admis la préparation spéciale d'animaux de boucherie par la généralisation de la castration et la distribution d'un supplément de nourriture au bétail en saison sèche, il n'en est pas moins vrai qu'il livre au commerce les produits mâles de ses troupeaux.

Il y a, à cet égard, une évolution considérable de la mentalité foulane. Les difficultés de l'existence actuelle ne sont pas l'apanage exclusif de notre vieille Europe; elles ont une contre-partie chez nos populations noires pour lesquelles la réalisation de tous leurs revenus devient chaque jour plus nécessaire. N'est-ce pas là, d'ailleurs, un des principaux facteurs du progrès ?

Le commerce des vaches et des génisses est beaucoup moins important; les indigènes ne consentent à se défaire des femelles bovines que dans certaines circonstances spéciales, lorsque la vente du caoutchouc ou des récoltes, dans les mauvaises années, n'est pas suffisamment rémunératrice et qu'ils se trouvent vraiment à bout de ressources.

De nombreux échanges s'effectuent dans toute l'étendue du pays, les têtes de bétail étant souvent prises comme unités monétaires entre éleveurs et dioulas; d'ailleurs, ces derniers cherchent à se procurer, en retour de leurs marchandises, du bétail qu'ils iront vendre dans les principaux marchés ou à Sierra-Leone; dans le Fouta et dans les régions de la Guinée dépourvues de colatiers, les dioulas importent des noix fraîches et exportent des bœufs et des moutons. Le commerce se canalise cependant par certains centres dont Kindia, Mamou, Bissikrima, situés sur la ligne du Chemin de fer, sont les plus importants.

La route de Pita à Kindia, par le Macé et Demokoulima,

est une des voies principales et très suivies de l'alimentation de ce marché en bétail ; ce dernier provient surtout du Macé, du Kébou et des centres d'élevage du cercle. En raison de sa proximité de Conakry, Kindia alimente plus spécialement les principaux bouchers du chef-lieu pour la consommation de la ville et des navires de passage. Les animaux sont envoyés tantôt par la route, tantôt par le Chemin de fer. En 1909, sur 379 bœufs parvenus à Conakry par la voie ferrée, 270 provenaient de Kindia.

Pendant les grosses saisons de traite, 1909 et 1910, les transactions étaient extrèmement actives à Mamou, lorsque la voie ferrée n'était encore livrée à l'exploitation que jusqu'en ce point. L'agglomération européenne, syrienne et indigène était alors beaucoup plus considérable qu'aujourd'hui. L'offre ne suffisait pas à la demande, soit pour la consommation locale, soit pour le ravitaillement des caravanes. Les indigènes de race et de provenance diverses amenaient de gros convois de caoutchouc ; Foulahs, Bambaras et Malinkés dioulas, tous cherchaient à convertir une grande partie de leur numéraire en bétail, en vaches principalement, lorsqu'ils en trouvaient l'occasion et qu'ils ramenaient dans leur village. C'est bien là, pour eux, le placement de choix. En outre, de nombreux courtiers Sierra-Leonais enlevaient à prix d'or les meilleurs bêtes de boucherie.

Bien qu'il est perdu de son importance au profit de Bissikrima et Dabola, le marché de Mamou draîne encore une certaine partie de la prduction bovine des cercles de Timbo, Ditinn, Labé, Pita, du Tamiso. Il existe six ou sept marchands de bestiaux, presque tous sénégalais et des Sierra-Leonais, dont les opérations quotidiennes portent au total sur un nombre variable d'animaux de 10 à 50 parfois.

Au contraire, dans le Koïn, le Kadé et, en général sur tous les degrés du Fouta où l'élevage est surtout en grand honneur mais où l'indigène possède d'autres ressources (le caoutchouc est plus abondant sur les marchés Fouta qu'au centre du plateau), le commerce du bétail est plutôt

faible. Aussi, l'accroissement des troupeaux est-il plus marqué. Depuis 1906, les Foulahs du cercle de Kadé ne descen-
dent plus que fort peu de bœufs au Nunez et au Pongo.

Dans le Territoire militaire, les bœufs sont menés par
des dioulas jusque dans la forêt où ils sont très avantageusement échangés contre des noix de kola.

Parfois, poussés par la nécessité, les Foulahs vendent
quelques vaches qui sont immédiatement achetées par des
dioulas ou des indigènes de Haute-Guinée. En 1908, on a
constaté, de la sorte, un exode assez important de femelles
bovines dans le haut pays, exode qui n'a pas contribué à
la multiplication du bétail dans cette région. Mais ces faits
sont plutôt rares et, d'une façon générale, il est toujours
difficile de se procurer des vaches ou des génisses ; elles
atteignent toujours des prix élevés. Une jolie bête ne se
paie pas moins, en temps ordinaire, de 100 à 125 francs.
Suitée, elle vaut 150 francs et parfois plus encore.

En Haute-Guinée, l'indigène ne se défait que rarement de
son bétail, soit pour la consommation locale des gros centres, Kankan et Kouroussa, soit pour l'exportation.

Il se produit, au contraire, un mouvement d'importation
très accentué de zébus et de moutons du Sahel amenés par
les Maures surtout pendant la saison sèche, de novembre à
mai. Mais ces animaux, presque tous des bœufs, sont très
sensibles aux trypanosomiases et ne résistent pas à l'hivernage. Ils ne sont jamais élevés pour la reproduction, mais
sont destinés à la boucherie sur place. Leur prix est,
d'ailleurs, très inférieur à la valeur normale du bétail indigène qui ne peut les concurrencer sous ce seul rapport.

Exportation du bétail. — Il existe un mouvement d'exportation très actif portant sur des animaux vivants et dont
l'importance n'a pas cessé de s'accroître au cours de ces
dernières années. A ce point de vue, la Guinée jouit d'une
situation géographique et économique très avantageuse et
qui ne pourra que s'améliorer à l'avenir, par rapport aux
autres Colonies de l'Afrique occidentale française.

La proximité de Sierra-Leone et la raréfaction du bétail dans la Colonie anglaise ont permis à nos éleveurs de devenir ses principaux fournisseurs. Les animaux s'y rendent presque exclusivement par voie de terre sur toute l'étendue de la frontière, mais particulièrement à la limite des cercles de Kindia, Mamou et Faranah. Souvent les indigènes transportent eux-mêmes, isolément, leur bétail à Sierra-Leone où ils obtiennent des prix bien supérieurs à ceux qu'ils trouveraient sur place ou sur les principaux marchés ; la longueur du voyage n'est pas pour les effrayer et en dehors de la période des travaux agricoles la perte de temps n'entre pas dans le cercle de leurs préoccupations.

Il arrive également, ainsi que nous l'avons déjà dit, que des dioulas ou des courtiers sierra-leonais qui sont parvenus à réunir un troupeau de quelques têtes prennent avec lui le chemin de la Colonie voisine.

Les bœufs exportés sont fréquemment du plus beau modèle et les prix de vente ont parfois atteint 200 francs.

Exportations des bœufs de Guinée :

Années	1903	1904	1906	1907	1908	1909	1910
Exportation totale	4.706	4.268	5.762	7.079	9.795	9.085	7.120
Sur Sierra Leone	2.643	2.511	4.440	4.247	5.688	6.301	»

Exportation du Sénégal à Sierra-Leone :

Années	1903	1904	1906	1907
Quantité	306	837	1.055	1.185

Bien que l'apport du Sénégal ait augmenté considérablement depuis dix ans, la simple comparaison de ces chiffres suffit à montrer le rôle prépondérant de la Guinée dans le ravitaillement en viande de Sierra-Leone.

Le reliquat de l'exportation est dirigé sur Libéria, le Soudan, la Guinée portugaise et le Sénégal. L'exportation, autrefois très importante, vers le Soudan et le Sénégal, dans les cercles de Labé et de Mali, est devenue insignifiante.

Enfin, un certain nombre de bœufs sont achetés à Conakry par les paquebots de passage pour l'alimentation du bord. Mais l'exportation proprement dite par mer, vers les pays du Sud, Sierra-Leone, Libéria, Côte d'Ivoire, Gabon, est à peu près nulle.

En réalité, les chiffres fournis par les statistiques des postes de douane sont au-dessous de la mesure réelle de l'exportation totale. Bien que la déclaration de sortie ne constitue qu'une simple formalité, un certain nombre de bœufs échappent au contrôle.

Seule l'exportation des animaux mâles est permise. Avec juste raison, dans un but de protection du troupeau et pour favoriser sa multiplication, la sortie des femelles bovines est formellement interdite. Cette éventualité est peu à craindre en temps ordinaire ; les noirs, à quelque race qu'ils appartiennent, conservent précieusement les vaches qu'ils savent être la source de leurs richesses.

Elle pourrait cependant se produire à un moment donné sous l'influence d'un écroulement subit des cours du caoutchouc, auquel la Colonie a dû jusqu'à présent sa prospérité. Aussi, une mesure de prévoyance s'imposait-elle ; il est à souhaiter qu'elle ne trouve pas son application dans un avenir plus ou moins rapproché.

Cuirs. — Parmi les produits d'origine animale, les cuirs de bœufs constituent le principal élément de trafic. Très demandés en Europe, leurs ports par destination sont surtout Hambourg, Marseille, Le Havre, Bordeaux, Liverpool.

Les feuilles, bien préparées, provenant d'animaux jeunes, légères et minces, telles qu'on les obtient avec des bêtes de trois et quatre ans, feuilles dont le poids ne dépasse pas 4 kilos pour une grande surface, sont connues et estimées en Europe sous le nom de « vachette ». Leur valeur est alors très grande et elles sont achetées actuellement à Mamou à raison de 2 fr. 20 le kilo. Les peaux pesant plus de 7 kilos, connues sous le nom de « cull », ne sont payées que 1 fr. 50 au plus. Enfin, les peaux d'animaux très jeunes, pesant de 1 k. 1/2 à 3 kilos, sont les plus appréciées.

Les marques aussi nombreuses faites au couteau par les propriétaires, entamant fortement la peau de l'animal, les déprécient souvent. Chaque indigène a sa marque particulière, parfois très compliquée et dessinant un véritable réseau sur une bonne partie du corps; des cicatrices d'incisions et de brûlures profondes sont en outre l'indice de la thérapeutique suivie contre certaines maladies.

Valeur marchande du bétail et variation des cours.

Les cours pratiqués sur le bétail sont extrêmement variables et restent sous la dépendance étroite des cours du caoutchouc, de l'abondance des récoltes et de la plus ou moins grande facilité qui en résulte pour le mouvement de l'impôt.

Lorsque l'année se montre bonne à ce double point de vue, la demande sollicite l'offre et les prix sont élevés; le contraire se produit si le caoutchouc baisse et que les récoltes donnent peu.

Cette dépréciation des animaux de boucherie est parfois très accusée. En 1908, par exemple, sur les hauts plateaux du Fouta, des bœufs de 250 kilos se sont vendus 25 francs, tandis que l'année suivante la même bête valait 70 à 80 francs. Au moment où ces lignes sont écrites, des bœufs de sept ans et au-dessus, pesant de 300 à 350 kilos, se paient, à Mamou, 110 à 125 francs.

Lorsque la saison de traite présente, comme en 1910, une intensité inusitée, que le caoutchouc s'élève à des prix extravagants, la récolte rémunératrice du précieux latex permet aux indigènes de parer à tous leurs besoins et, avant l'hivernage, ils en jettent sur le marché une quantité aussi grande que possible.

Il en résulte une répercussion immédiate sur les transactions du bétail, relégué temporairement de son rôle commercial jusqu'à la fin de la traite; mais déjà en mars et avril la valeur des bœufs tend à se relever.

Pendant la même année, les cours varient parfois subitement. Si la traite a été mauvaise, ils subissent un fléchissement régulier à la fin de la saison sèche, alors que les indigènes cherchent à se procurer le montant de leur impôt.

C'est du Fouta-Djallon central que provient surtout cette irrégularité des cours. La principale ressource de ce pays réside en l'élevage; les caoutchoucs du plateau, surmenés par des saignées exagérées, ne donnent plus qu'une récolte insuffisante et les cultures sont pauvres, peu abondantes.

D'autre part, le Foulah n'est pas prévoyant et vit au jour le jour.

Il ne songe à son impôt qu'au moment où l'Administration le lui demande; il cherche alors des espèces s'il n'en possède pas et vend plus volontiers la production disponible de ses troupeaux.

C'est l'époque où l'offre est la plus abondante, où les marchés sont parfois encombrés de bétail. Il y a là, pendant les années mauvaises, une situation nuisible au développement de l'élevage, désavantageuse pour l'éleveur qui, obligé d'accepter les prix trop bas qu'on lui propose, en ressent une profonde déception.

Mais, portant à son troupeau une affection réelle que les Européens arrivent difficilement à comprendre, ce n'est qu'au dernier moment qu'il consentira à se défaire des animaux qu'il destinait à la vente. Si la même cause se produit en même temps dans plusieurs cercles, les mêmes effets en résultent et l'encombrement est réalisé.

Certains chefs de case ne peuvent se résigner parfois à amputer leur cheptel de quelques individus et restent sourds aux demandes du chef de village qui leur réclame leur quote-part. Ce dernier n'a souvent d'autre ressource que de mettre en vente lui-même les bœufs des indigènes récalcitrants de son district et proportionnellement à ce qu'ils doivent payer.

Le commerce du bétail n'est nullement organisé ; il n'existe pas encore d'intermédiaires sérieux pourvus de capitaux et d'installations suffisantes qui leur permettent d'acquérir au moment favorable les animaux offerts pour les écouler ensuite au fur et à mesure des besoins.

Il serait à désirer que nous trouvions le moyen d'amener l'indigène lui-même à assurer l'écoulement continu du bétail pendant toute l'année et l'achalandage régulier des marchés de vente. Comme conséquence immédiate, nous obtiendrions le nivellement des prix, ce qui, en donnant toute satisfaction à l'éleveur, l'encouragerait en outre à améliorer son troupeau et à préparer par une alimentation convenable les bêtes destinées à la consommation publique.

Consommation de la viande.

En dehors de la consommation ordinaire de la masse de la population, qui se produit au cours des circonstances spéciales relatées plus haut, la consommation de la viande s'accroît de jour en jour et suit la même courbe ascendante que le développement commercial et économique de la Colonie.

En Afrique occidentale, il n'existe pas, en effet, de critérium plus certain de l'activité commerciale et, par suite, de la prospérité d'une région.

Les abatages sont en plus grand nombre dans tous les centres situés le long de la voie ferrée par où se canalisent les divers produits de traite. A Conakry, par suite de l'importance de l'agglomération européenne, 140 à 150 bœufs et 80 moutons sont sacrifiés chaque mois. La population indigène du chef-lieu mange beaucoup moins de viande que les noirs habitant les centres de l'intérieur, à cause de l'abondance du poisson qui rentre à l'état frais ou sec dans les préparations culinaires à base de riz ; en outre, la viande est plus chère que dans le reste de la Colonie et se débite à raison de 1 fr. 50 le kilo de bœuf, 2 fr. 50 pour les morceaux de choix ; 2 fr. 50 le mouton et le porc ; la consommation de cette dernière viande est très faible et ne s'élève pas à plus de deux bêtes par mois.

A Kindia, 60 à 100 bœufs et 50 moutons sont abattus mensuellement ; à Mamou, le chiffre est très variable ; faible en juin et juillet (60 à 70 bœufs et 50 moutons), il s'élève, dès le mois d'août, à 100 têtes de gros bétail et 60 ou 70 de petit pour égaler, en saison sèche, celui de la consommation du chef-lieu.

Kouroussa et Kankan, les places commerciales les plus importantes de Haute-Guinée et peut-être de la Colonie toute entière, sont également les points où les abatages sont les plus nombreux. Pendant le premier semestre 1911, la moyenne mensuelle atteignait, à Kouroussa, 160 bœufs et 35 moutons et le total, pendant les six mois, 961 bœufs et 130 moutons. Sur ce nombre, on ne compte que 8 bœufs et 3 moutons indigènes ; tout le reste est fourni par des zébus et des moutons du Sahel importés. Toute la Haute-Guinée est, du reste, ravitaillée par ces animaux qui sont vendus à bas prix.

On le voit, l'accès de la voie ferrée à Kouroussa, en provoquant la création d'un gros marché, a amené un accroissement de l'importation et de la consommation du bétail à bosse. Ces animaux fournissent une viande de qualité très inférieure à celle des bœufs de race N'Dama. Fatigués d'un long voyage, ils arrivent très fréquemment trypanosomés et l'infestation est parfois des plus avancées, les réduisant à l'état de maigreur et de misère physiologique caractérisques de la maladie. Ils sont, en outre, très souvent parasités ; des douves se rencontrent en abondance dans le foie, contribuant encore à exagérer l'état de cachexie des animaux. Leur bon marché ne permet pas à l'élevage local d'en fournir pour la boucherie, car l'indigène de Haute-Guinée, qui a su si rapidement reconstituer son bétail, en est encore plus avare s'il est possible que le Foulah.

A Dabola et Bissikrima, on tue également une assez grande quantité d'animaux.

A Boké, 80 bœufs et 15 moutons sont livrés chaque mois

à la boucherie. A Labé, 25 bœufs et une dizaine de moutons.

La proportion est à peu près la même dans les villes commerçantes de la Côte, Coyali et Dubréca.

D'une façon générale, les moutons tués dans les grands centres sont destinés à l'alimentation européenne. Les noirs n'en mangent guère que dans les circonstances exceptionnelles de l'existence et tuent pour leur compte personnel.

ABATTOIRS

Il n'existe en Guinée qu'un seul abattoir digne de nom, celui de Conakry,

Sa situation, tout à fait au bord de la mer dont les vagues, à marée haute, viennent même rejaillir dans le hall d'abatage, est assez satisfaisante pour permettre à la viande de se conserver facilement.

Mais au point de vue sanitaire, la ville aurait certainement gagné à le construire tout à fait en dehors de l'agglomération, du côté de la chaussée de Timbo. Les animaux sont abattus le soir, pour la vente du lendemain matin ; partout ailleurs les abatages se font le matin de bonne heure et la viande est immédiatement transportée au marché.

L'outillage de l'établissement, sans être perfectionné, répond cependant aux conditions hygiéniques les plus essentielles. Il comprend un hall d'abatage trop exigu cimenté, dont les parois sont à claire-voie à partir de 1ᵐ 50 du sol ; une salle de réserve très aérée, des hangars étables, des bergeries, une installation pour la triperie, une fourrière pour chiens ; le tout cimenté et disposé sur trois faces autour d'une cour quadrangulaire. Le logement du gardien et le bureau de l'Inspecteur occupent l'extrémité de chacune des ailes. Des prises d'eau nombreuses en asssurent la parfaite propreté ; à l'extrémité du hall, deux cuves en ciment, avec prise d'eau, ont été prévues pour le lavage des panses. Les eaux résiduaires tombent par une grille directement à la mer.

Un boucher européen abat et débite la viande à la mode française. Il existe, en outre, plusieurs bouchers noirs, sénégalais pour la plupart, qui, tout en faisant usage des treuils, sacrifient le bétail à l'indigène, selon le rite musulman.

L'opération est assez barbare ; l'animal, entravé et mis dans l'impossibilité de se défendre, est couché sur le côté droit ; la tête dirigée vers l'Orient est fortement renversée sur l'encolure, appuyée sur l'extrémité des cornes, de façon à tendre et à faire saillir la gorge. La saignée se fait directement par section transversale de la gorge, d'un seul mouvement de va-et-vient du couteau. C'est un spectacle impressionnant pour un européen que d'assister aux longues souffrances de l'animal qui râle en se débattant par accès peudant dix minutes ou un quart d'heure. De plus, ces boureaux commencent souvent le dépouillement alors que les convulsions ne sont pas terminées et que les reflexes palpébraux et pupillaires existent encore.

A Conakry, on a pu faire admettre aux bouchers, afin de diminuer les souffrances du bétail, l'emploi de la boutterolle à masque, de Bruneau, pour pratiquer l'assommement préalable. Mais les coups maladroits, portés obliquement sur le masque, plutôt que normalement sur la cheville, détériore rapidement l'appareil.

Dans tous les autres points de la Colonie, il n'existe, pour l'abatage, que des installations de fortune, très rudimentaires, se réduisant, généralement, à un simple emplacement débrousaillé et creusé de rigoles, au bord d'une rivière. Le cadavre est dépouillé, la peau étendue sur le sol et la viande ainsi travaillée sur la dépouille.

Le bœuf vidé est sectionné, d'abord longitudinalement et grossièrement, à coups de hache plus ou moins bien dirigés. Une section transversale au niveau des fausses-côtes, passant entre les dixième et onzième vertèbres dorsales, le sépare ensuite en quatre quartiers ; chacun d'eux sera transporté au marché, sur la tête d'un noir, protégé par un linge blanc dans les centres surveillés. Les rognons sont laissés adhérents, mais la tête est entièrement détachée au niveau de l'articulation atloïdo-occipitale ; les membres sont désarticulés aux genoux et aux jarrets.

C'est dans ces conditions que l'on obtient un rendement moyen de 50 à 53 %, très avantageux, si l'on considère que les dépôts adipeux sont peu abondants.

Sur le quartier de devant, l'épaule est détachée, l'avant-bras sectionné représente le gîte avec sa crosse. Le thorax est séparé en deux parties par un trait de scie, l'une correspondant aux trains de côtes, l'autre au plat de côte.

Sur le quartier de derrière, le filet est tout d'abord enlevé ; l'aloyau, plus court que dans la boucherie européenne, est divisé en deux parties : la première, comprenant les trois dernières vertèbres dorsales, est improprement appelée faux-filet ; la seconde constitue l'aloyau proprement dit.

Dans la cuisse, on découpe seulement, grossièrement, le tende de tranche pour les bifteaks, le reste est débité au hasard.

On peut constater, chez les bouchers des grands centres, une connaissance assez parfaite de leur métier, au point de vue professionnel et commercial ; ils possèdent une grande habileté dans l'appréciation du poids vif, du rendement et de la qualité d'un bœuf. Mais ils commettent des erreurs fréquentes dans la détermination de l'âge, les indications données par les cornes sont ici extrêmement vagues et ils ignorent totalement les conditions de l'évolution de la table dentaire.

Dans les centres organisés, la viande est vendue au poids ; le prix ordinaire varie de 1 franc à 1 fr. 25 le kilo, pour le bœuf.

Le mouton vaut un peu plus cher. D'ailleurs, les bouchers ne tiennent pas à débiter du mouton sur lequel ils ne peuvent réaliser qu'un bénéfice assez faible. Une bête qui donne 12 à 14 kilos de viande n'est jamais payé, par eux, moins de 10 francs et souvent bien davantage en Basse-Guinée.

A Conakry, Kindia, Boké, Dubréka, il existe des marchés couverts spécialement aménagés pour l'étal de la viande, faciles à nettoyer et à désinfecter. Certains bouchers sénégalais du chef-lieu ont fait construire, sur les conseils qui leur furent donnés, des cages grillagées où les quartiers de viande sont à l'abri des mouches.

Dans les gros villages indigènes où l'on abat des animaux, à Banco, Kinéero, Touba, etc., la viande est vendue en petits tas aux indigènes ; ce mode de vente est plus lucratif pour le boucher. En règle générale, un boucher dont la clientèle est exclusivement indigène préfère se pourvoir de petits bœufs plutôt de bêtes adultes d'un poids trop considérable, non seulement parce qu'il craint d'en perdre une partie, mais encore parce que la vente au « tas » lui procure de plus beaux bénéfices avec des bœufs de format réduit.

Dans les chefs-lieux de cercle et dans les postes, les animaux destinés à la boucherie sont présentés au médecin, lorsqu'il en existe un, ou à l'Administrateur, le soir. L'abatage s'effectue le lendemain matin avant la vente, en raison du défaut de locaux où la viande pourrait être mise à l'abri des voleurs et des fauves pendant la nuit. L'inspection est immédiatement pratiquée. A Mamou, le vétérinaire de la Colonie en est chargé et, au cours de ses déplacements, doit visiter la viande dans tous les cercles qu'il traverse.

Les circonstances et le manque d'installation convenablement agencées s'opposent souvent, on le comprend facilement, à ce que l'inspection soit rigoureuse. A Conakry seulement, les animaux sont abattus le soir de 4 à 6 heures, sous la surveillance d'un gardien indigène convenablement éduqué ; la viande, examinée ensuite par le médecin-inspecteur, peut être facilement consignée à l'abattoir lorsque sa qualité est douteuse et qu'une seconde visite est nécessaire. Mais, comme on le verra par la suite, la morbidité est très faible sur le bétail guinéen et les cas sont rares dans lesquels la viande pourrait être dangereuse. La tuberculose est totalement inconnue.

Là qualité de la viande est soumise à certaines variations qui dépendent surtout de la saison, par suite de l'absence de toute alimentation artificielle du bétail et des points considérés.

Pendant l'hivernage, alors que les pâturages sont abondants et nutritifs, elle est généralement excellente. En saison sèche, lorsque les indigènes apportent au commerce les produits de traite, les bouchers se procurent plus difficilement du bétail. Ce dernier est du reste généralement amaigri et le producteur ne consent à vendre que les bêtes les plus mauvaises de son troupeau.

D'autre part, la viande est meilleure dans les zones de production du Fouta-Djallon, où les animaux rencontrent des conditions particulièrement favorables à leur entretien, que dans le reste de la Colonie. A Conakry, elle laisse assez fréquemment à désirer. L'abattoir est le plus souvent alimenté par des bœufs arrivés depuis peu par la route ou le chemin de fer, souvent sacrifiés après un repos insuffisant. Enfin les pâturages, assez rares aux environs du chef-lieu, sont pauvres et les animaux conservés quelque temps ne trouvent jamais une alimentation alibile, de digestion facile qui puisse les remettre facilement en état.

En Haute-Guinée, les zébus ne fournissent en toute saison qu'un aliment de qualité médiocre et que la nécessité seule oblige à consommer.

Le ravitaillement des centres en bonne viande est quelques fois difficile et les statistiques de l'abattoir de Conakry montrent peu que le chiffre des abatages est très restreint en février et mars ; un certain nombre d'animaux cachectiques ou hydrohémiques sont alors livrés à la boucherie dans les points insuffisamment surveillés. Il est nécessaire pour l'inspecteur de se montrer sévère à cette époque. Pour les Européens, l'une des conditions hygiéniques les plus importantes à réaliser aux Colonies est la consommation d'une viande parfaitement saine, exempte de toute altération et par conséquent de toxines dont la nocivité est exaltée sous nos climats par la moindre résistance des individus. Il reste encore beaucoup à faire avant de parvenir à ce résultat. Cependant, des mesures simples et peu coûteuses pourraient être facitement prises. Dans tous les centres de quelque importance, rien ne serait plus aisé que de faire construire, avec les moyens indigènes, un simple hangar, protégeant l'emplacement de l'abattoir, en tôles pour les villes situées sur la voie ferrée, en paille dans l'intérieur. En hivernage, la viande est lavée par les pluies abondantes ; sur un sol souillé par les matières excrémentitielles des panses et des boyaux, glissant, boueux, marécageux, les animaux sont entièrement préparés et la viande est constamment salie de détritus renfermant de nombreux micro-organisures qui hâtent sa décomposition, déjà si rapide par elle-même.

Quelques poulies, dont les bouchers indigènes apprendraient rapidement à se servir, complèteraient l'aménagement et permettraient de donner au travail les garanties de propreté indispensables.

Le vente de la viande de vache est soumise à certaines restrictions. Peuvent être seules abattues pour la boucherie, les femelles bovines, ovines et caprines inaptes à la reproduction par suite de stérilité ou d'âge trop avancé. Cette mesure complète, au point de vue de la multiplication des espèces domestiques, l'influence exercée par l'interdiction de l'exportation des femelles de ces mêmes espèces.

Améliorations des bovins.

En l'état actuel de l'élevage, essentiellement caractérisé par les soins insuffisants dont elle est entourée, la race bovine est surtout intéressante par le rendement relativement élevé qu'elle donne à la boucherie, par sa rusticité et sa résistance aux conditions débilitantes du climat, par l'aptitude qu'elle possède à s'accommoder de tous milieux et de tous les régimes. Les principaux défauts résident en son manque de précocité, en sa légèreté et son format réduit, qui ne lui permettent que rarement d'atteindre, dans ses individus les mieux réussis, un poids de 350 kilos pour une taille de 1m 20, à l'âge de six ans au plus tôt.

Telle qu'elle est, prise avec ses qualités et ses défauts, elle constitue pour l'indigène une précieuse richesse et le profit qu'il en retire est certainement disproportionné avec la faible part de soucis et d'efforts qu'elle lui coûte.

Il est cependant hors de doute que par une sélection bien comprise des soins alimentaires d'une grande simplicité d'application, le producteur noir lui-même ne puisse, tout en lui conservant son extrême rusticité, améliorer la conformation de la race. Par ordre d'importance, les améliorations devraient porter sur l'augmentation du périmètre thoracique, le développement de son train postérieur, l'élévation de la taille.

Ce problème zootechnique est très important à résoudre par les heureuses conséquences qui en résulteraient pour l'avenir économique du pays tout entier. Le bétail représente en Guinée un capital assez considérable, qui ne peut manquer de s'accroître rapidement et dont l'exploitation rationnelle doit fournir un intérêt des plus profitables aux éleveurs en même temps qu'elle doterait le commerce local d'un nouvel élément de trafic.

Les conditions locales indiquent que l'amélioration du bœuf N'Dama doit se poursuivre uniquement en vue de la boucherie.

Les faibles qualités laitières de la vache, le défaut d'installations industrielles et d'outillage économique nécessaires au traitement du lait et ses dérivés ne nous permettent pas, à ce point de vue, d'envisager l'utilisation de la race autrement que pour la population européenne, pour laquelle, dans nos climats, le lait devient souvent un aliment de toute nécessité. Mais dans cette voie, nous pouvons facilement prévoir que les efforts à tenter n'aboutiront qu'à un résultat très relatif, la secrétion mammaire de la vache du Fouta, tout en se relevant sous l'influence d'une amélioration et d'une sélection bien comprise, restera toujours à un taux médiocre. Aussi bien, les progrès laitiers se réaliseront-ils parallèlement à l'amélioration générale de la conformation en vue de la boucherie.

Si les indigènes cherchent par tous les moyens à augmenter la valeur numérique du troupeau, il n'en est pas de même pour sa qualité. Comme dans tous les pays primitifs, l'impulsion à cet égard doit provenir de l'Administration.

On n'a exploré jusqu'à maintenant que le domaine de la théorie et l'application des mesures préconisées n'a pu être encore sérieusement tentée.

D'ailleurs, il est difficile, avec des populations d'un traditionalisme absolu, de perfectionner du jour au lendemain d'archaïques usages ; la transformation de ceux-ci doit être précédée de la démonstration évidente des avantages promis par la constatation de résultats positifs.

C'est à cette conditions seule que nous pourront secouer la paresse et l'inertie des Foulahs et des autres peuplades de la Guinée.

En fait, la Colonie doit se préoccuper d'obtenir pour son compte personnel les résultats cherchés, en même temps que les éleveurs seront effectivement encouragés à s'engager dans la même voie. Il y aurait donc une collaboration fructueuse des deux parties qui porterait ses fruits au bout de quelques années.

Quelle doit être la part de la Colonie et celle des indigènes ?

Encouragements. — Dans un pays où l'initiative privée est à peu près nulle, le rôle de l'Administration est beaucoup le plus important et le seul à envisager au début de la tentative pour la mise en œuvre des moyens proposés.

Il devra tout d'abord se traduire par les sacrifices indispensables que nécessite toujours l'amélioration de toute race domestique, sacrifices d'autant plus lourds que le résultat paraît plus problématique aux yeux du producteur.

Il faut donc que l'intérêt direct de ce dernier entre en jeu et, dans ce but, l'appât d'une récompense et le désir de l'obtenir feront plus pour la cause à gagner que les meilleurs palabres.

C'est dire que nous devons entrer résolument dans la voie des encouragements immédiats accordés à l'éleveur sous forme de primes et mêmes de distinctions honorifiques, sous certaines conditions à déterminer.

Le premier stade de l'évolution de l'élevage serait marqué par l'établissement de concours régionaux annuels où les noirs présenteraient à une Commission compétente les animaux classés par catégorie. Les concours détermineraient peu à peu, chez les indigènes, une émulation favorable à la réalisation du but poursuivi et nous permettraient de distinguer assez rapidement un important noyau de producteurs mâles qui, au choix du propriétaire, pourraient être acquis par la Colonie et dispersés dans les centres d'élevage ; de toute façon ils serviraient à l'amélioration du bétail dans une région donnée. Il sera possible, en outre, de faire un choix judicieux des femelles à leur attribuer en formant des troupeaux de 30 à 50 vaches sélectionnées pour un seul de ces taureaux. On doublerait ainsi la qualité et la rapidité des résulats de l'entreprise.

Castration. — Les concours régionaux d'animaux doivent être le point de départ initial de toute tentative sérieuse d'amélioration. Mais cette innovation demande à être complétée par la castration de tous les taureaux sur nombre, de conformation médiocre ou mauvaise, qui se rencontre encore trop souvent dans les troupeaux. Nous avons vu précédemment que la castration par martelage du cordon n'est pas inconnue des indigènes, en particulier des Foulahs qui la pratiquent dans une certaine mesure. Cependant, la sélection ainsi assurée est encore trop limitée et elle devrait s'étendre d'une façon beaucoup plus considérale pour exercer toute son action bienfaisante.

Nous ne devons surtout envisager que la sélection des reproducteurs mâles. Bien qu'il soit possible de constituer des troupeaux dont tous les individus, mâles et femelles, pourraient être rigoureusement choisis, les méthodes d'élevage actuelles et la pénurie du bétail relativement aux vastes débouchés qui lui sont ouverts, s'opposent à ce qu'on écarte de la reproduction toutes les femelles ne présentant pas des garanties suffisantes. On porterait obstacle au croît du troupeau et l'on diminuerait la [quantité totale de lait produite.

Reste à étudier les moyens à employer pour généraliser la castration des mauvais taureaux.

Cette opération, actuellement pratiquée sur des taurillons souvent âgés de 3 ans, devrait être effectuée, autant que possible, sur des animaux jeunes, de 12 à 15 mois au plus. On se baserait naturellement, pour le choix des taureaux à à conserver, sur la comparaison des animaux de même âge et l'appréciation des qualités des ascendants.

La mesure aurait du reste, sur le commerce des bœufs, un effet des plus favorables en fournissant à la demande une offre plus importante qu'aujourd'hui quant au poids et la qualité de la viande.

Mais, pour être efficace, il ne faut pas nous le dissimuler, nous devons la rendre obligatoire, et c'est là que réside la principale difficulté d'application. L'intérêt général est en jeu, il n'est pas douteux que cette obligation ne soit légitime. D'ailleurs, la production et l'élevage de l'espèce chevaline est bien soumise, dans les États européens, à des dispositions légales et très étroites.

Le fait de décréter la castration de tous les taureaux imparfaits suppose une active et efficace surveillance exercée sur les éleveurs. Or cette surveillance n'existe pas à l'heure actuelle et il sera bien difficile de la réaliser avec les moyens dont nous disposons.

Pour donner toute sa portée à la sélection, et pour la réglementer, il est de toute nécessité que nous soyons auparavant parfaitement fixés sur la richesse de la Colonie en bétail, sur le nombre exact d'animaux de chaque sexe, taureaux, vaches et neutres que possède chaque propriétaire. On voit quel chemin reste à parcourir pour atteindre cette comptabilité précise. Les recensements, malgré tout le soin que l'on y apporte, sont grossièrement erronés.

L'indigène ressent une défiance instructive lorsqu'on lui demande le décompte de ses troupeaux; la masse elle-même y voit une menace et craint, soit qu'on la dépossède partiellement, soit qu'on établisse un impôt sur le bétail.

La sincérité des déclarations en supporte les consé-quence. Aussi, devons-nous tout d'abord rassurer les populations et les convaincre par des encouragements matériels que l'Administration, loin de vouloir nuire à l'élevage, cherche au contraire les moyens propres à le protéger. Le développement de cette branche de la produc-tion économique du pays trouvera librement son essor du jour où nous aurons su inspirer aux indigènes toute la confiance qu'ils ne manqueront pas de nous accorder tôt ou tard.

Alimentation. — Un très gros obstacle à l'amélioration du cheptel est constitué par l'irrégularité de l'alimentation. Le régime étant exclusivement le pâturage, l'état des animaux est étroitement subordonné à l'état de la brousse elle-même.

En saison sèche, il se produit chez les jeunes un arrêt subit de la croissance et les vaches ne donnent plus qu'une faible quantité de lait.

Cependant, une alimentation bien comprise pendant toute l'année est un des facteurs primordiaux de l'amélioration.

Il n'y a pas à compter sur l'initiative du noir pour espé-rer qu'il rétablira de longtemps des cultures spéciales pour le bétail. C'est à peine, dans les centres d'élevage, s'il cultive pour lui-même des étendues de terre strictement nécessaires à assurer sa propre subsistance.

Le fait d'entretenir des « lougans » pour les animaux domestiques ne lui vient pas à l'idée, et si par extraordi-naire il en entend parler, il songera qu'il s'agit une fois encore d'une fantaisiste « manière de blanc ; » qu'au sur-plus, le bétail est fait pour nourrir l'homme et non pour être nourri par lui.

Leur outillage agricole, tout primitif, ne permet pas, il est vrai aux indigènes de faire de la culture intensive, et une grande superficie de terrain leur est nécessaire pour sérier leurs semis d'année en année. Enfin, il ne peut être question d'appliquer dans la plus grande étendue de la Colonie nos procédés européens. Mais les points cultivables ne manquent pas où viendraient en abondance des produits rustiques tels que le manioc, qui serait, avec les patates douces, l'alimentation de choix pour le bétail en saison sèche. L'utilisation même des déchets de plantations n'est pas répandue; trop souvent la paille d'arachides, ce fourrage par excellence de l'Afrique occidentale, pourrit sur pied.

Les pâtures elles-mêmes, trop abondantes pendant les pluies et sans valeur en saison sèche, devraient être mises à contribution pour la constitution de fourrages de prévoyance. Rien de plus simple que de faire au moment propice, c'est-à-dire en fin d'hivernage, des coupes dans les points les plus riches en bonnes plantes fourragères que les indigènes connaissaient d'ailleurs fort bien, de faner, et le fanage est rapide sous les tropiques; ce foin serait conservé en meules faciles à construire et donnerait, pendant la période critique, un supplément de ration très appété des animaux.

D'autre part, si l'on ne peut songer à l'établissement de prairies artificielles, il est cependant possible d'améliorer en beaucoup d'endroits les pâturages naturels. Il est facile d'observer les conditions de végétation des meilleures graminées et légumineuses, celles-ci rares à la vérité, recherchées par les animaux; les Foulahs, qui sont très observateurs, en possèdent déjà la nomenclature.

Des semis pourraient en être faits en des points spécialement choisis. La Colonie doit procéder encore par encouragements indirects à ce point de vue.

Enfin, il serait à désirer que les jeunes veaux, qui semblent destinés par les caractères des ascendants et leur conformation satisfaisante à la naissance à fournir des étalons, reçoivent intégralement le lait de leur mère et que leur alimentation en saison sèche, à l'aide de barbotages de farine de manioc par exemple, soit l'objet de soins particuliers.

En un mot, une alimentation rationnelle est absolument indispensable et doit être, en Guinée comme ailleurs, à la base des moyens à employer dans tout système d'amélioration du bétail. Les caractères individuels favorables apparus par variation des individus isolés pourront alors être fixés par sélection.

Stations d'élevage. — Il s'agit là de pratiques trop nouvelles pour que nous puissions nous flatter de l'espoir de les voir s'implanter rapidement dans la Colonie.

Il est indispensable que l'indigène, avant de les appliquer lui-même, en subisse la démonstration, qu'il en apprécie les résultats et qu'il soit amené, par la force naturelle des choses, à les employer.

La Colonie, donc, en même temps que par la voie de primes et d'encouragements, doit se préoccuper d'intervenir directement par la création et l'entretien d'une station d'élevage.

L'utilité de cet établissement est incontestable. Son organisation est d'ailleurs entreprise, il est destiné à prendre chaque année plus d'extension. Déjà, les stations agricoles possédaient chacune un troupeau destiné à fournir le fumier nécessaire aux plantations. Mais les animaux n'étaient considérés que comme les auxiliaires indispensables de la culture ; leur entretien et leur sélection n'était pas l'objet de soins particuliers.

La station nouvelle, toujours pourvue de reproducteurs de choix, aura surtout pour objet de fournir un exemple typique des résultats que l'on peut obtenir par l'intervention et la mise en œuvre des facteurs habituels de la sélection : choix des géniteurs, alimentation raisonnée, hygiène de l'habitation et consanguinité.

Elle aura également pour mission, durant de longues années : de fournir à la Colonie des taureaux étalons qui seront ensuite disséminés dans quelques troupeaux indigènes sous certaines conditions obligatoires d'entretien et d'hygiène.

Croisement. — Tout en nous efforçant d'obtenir l'amélioration du bétail de Guinée par sélection pure, il est nécessaire d'expérimenter ce que pourrait donner dans le pays son croisement avec le métis du taureau à bosse et de la vache n'dama.

L'hybridation directe avec le zébu est contre indiquée ; le bœuf à bosse ne résiste pas au climat de la Guinée, trop humide pour lui, le sol rocheux et latéritique ne lui convient guère. Il est de plus très sensible aux trypanosomiases et à toutes les maladies à hématozoaires.

Mais son métis présente des caractères physiologiques et pathologiques qui le rapprochent de notre race et autorisent davantage son emploi comme agent améliorateur.

La Colonie possède actuellement deux de ses taureaux et doit prochainement en acquérir quelques autres. Il n'est pas possible encore d'interpréter les résultats obtenus, les premiers produits viennent de naître.

Cependant, il est douteux que le croisement présente sur la sélection pure les nombreux avantages qui furent promis, sauf peut-être au point de vue de la sélection laitière qui pourrait être légèrement relevée. On pourra trouver actuellement au Fouta, dans la région de Kankouré ou dans la Tamisso, des taureaux autochtones qui, peut-être un peu plus légers, ne le cèdent en rien aux deux métis importés sous le rapport du rendement favorable en viande de boucherie, de la beauté des formes et surtout du développement du train postérieur.

Le cinquième quartier, chez le métis, est certainement de poids plus élevé que chez le taureau guinéen.

Enfin, ne risque-t-on pas de retirer à la race un peu de sa précieuse rusticité ? Autant de points sur lesquels l'expérience nous fixera prochainement.

A titre documentaire, on peut signaler, toutefois, que le taureau n'dama de la station d'élevage de Mamou, en excellent état, pèse 345 kilos, tandis que le métis affecté à la même station, plutôt maigre, il est vrai, n'en accuse que 325 à la bascule.

Voici, d'ailleurs, les mensurations respectives des deux animaux :

	N'Dama	Métis
Taille au garrot	1m 16	1m 23
Taille à la croupe	1m 19	1m 23
Tour de poitrine	1m 56	1m 55
Hauteur du sternum au-dessus du sol	0m 44	0m 38
Longueur du corps (1)	1m 39	1m 40
Poids	345 k.	325 k.

Enfin, le train antérieur du métis est beaucoup plus lourd que celui du n'dama; un certain nombre de jeunes vaches s'affaissent sous son poids. Cet inconvénient peut tenir, il est vrai, dans une certaine mesure, à la taille plus élevée du taureau sénégalais qui couvre davantage les femelles qui lui sont affectées.

Le taureau n'dama, de même que le sénégalais, a une poitrine trop resserrée et c'est là une défectuosité grave qui le fera réformer incessamment; par contre, la comparaison du train postérieur chez les deux taureaux est toute en sa faveur.

Il est juste de dire que le métis est, en ce moment, plus maigre que son congénère et le jugement, de ce fait, ne peut être rigoureusement porté.

Avenir de l'élevage des bovidés.

De tout ce qui précède, il résulte que la Guinée possède tous les éléments nécessaires au développement de son élevage qui, sagement conduit et dirigé avec persévérance par l'Administration locale, doit fournir au pays, dans un

---

(1) Prise de la pointe de l'épaule au bord postérieur de la cuisse.

avenir relativement rapproché, la base essentielle de sa richesse et de ses ressources économiques. La population bovine doit fatalement s'accroître par suite de la rareté, on pourrait dire de l'absence otale d'épizootie à la marche envahissante, à condition de surveiller de très près, pendant les années critiques qui peuvent survenir, l'exportation des vaches, exportation qu'il importe d'interdire d'une façon absolue.

Dans quelques années, l'indigène sera amené de lui-même à produire du bétail amélioré. Un mouvement d'exportation, par mer, du bétail vivant, vers le Sud ou sur les marchés français, ne peut tarder à se produire. Ainsi que nous le verrons par la suite, l'intérêt de l'exportateur est d'acheter exclusivement des animaux de fort poids, afin de réduire à leur minimum les frais de transport. Lorsque l'éleveur africain s'apercevra qu'on ne lui achète à un prix avantageux que ses meilleurs bœufs, peut-être suivra-t-il les conseils qu'on lui prodigue.

Il est plus certain, en tous cas, et plus équitable de compter, pour le diriger vers ce but, sur la demande éclairée du commerce qui tôt ou tard se produira, plutôt que sur la force et l'obligation arbitraire.

Nous sommes ainsi amenés à étudier dans quelles conditions ce mouvement d'exportation pourrait se produire, et par là même la possibilité de l'exportation des bovidés par la colonisation européenne.

L'élevage au point de vue commercial.

EXPORTATION. — L'ÉLEVAGE ET LE COLON.

La concurrence commerciale a, depuis quelques années, amené en Guinée un drainage, sur tout le territoire, des produits du sol et en particulier du caoutchouc ; ces produits alimentent exclusivement le commerce local d'exportation sur les marchés d'Europe. Mais par suite de leur abondance mondiale toujours croisssante, leur valeur a une tendance très nette à diminuer ; aussi, les grosses maisons guinéennes se préoccupent d'augmenter pour l'avenir la diversité des matières exportables, en cherchant à implanter dans la Colonie des cultures nouvelles de sésame, du soja, répondant aux exigences commerciales et industrielles modernes. Ces cultures ne peuvent malheureusement prospérer qu'en certainspoints convenablement choisis.

Au contraire, l'élevage des bovidés peut avantageusement fructifier dans la plus grande partie de la Colonie, et il paraît indiqué aujourd'hui de prévoir pour l'avenir une exploitation judicieuse de la race en vue de la production de la viande et de l'exportation vers des débouchés convenables.

Une importante question se pose dès maintenant, conséquence des demandes qui se produisent dans le voisinage de la Guinée et en Europe même par suite de la cherté croissante de la viande.

Après avoir paré à l'importante consommation locale, la production bovine est-elle suffisante pour fournir au commerce un élément de trafic appréciable qui pourrait entrer pour une part importante dans la valeur totale des exportations guinéennes ?

Peut-on, en un mot, sans inconvénient, prélever chaque année des bœufs de boucherie pour l'extérieur et dans quelle proportion ?

Il serait nécessaire, avant de répondre d'une façon précise, de connaître exactement le dénombrement du bétail dans la Colonie et les statistiques du recensement ne peuvent encore nous renseigner à cet égard ; on ne peut que l'évaluer approximativement.

Il faut avant tout se garder d'une exagération et d'un optimisme qui peuvent venir facilement à l'esprit du voyageur qui traverse le Fouta-Djallon en hivernage ; la vue incessante de nombreux troupeaux composés de splendides bovins lui fera penser, à première impression, que cette richesse suggestive peut alimenter de nombreuses transactions.

Mais on doit tenir compte que ces troupeaux sont surtout formés de vaches, que dans chacun d'eux il n'existe que quelques bœufs castrés vraiment aptes à la boucherie; d'autre part, par rapport à nos races françaises les plus améliorées, le développement du bétail de Guinée est deux fois plus lent et par conséquent la proportion de têtes à livrer au commerce deux fois moindre.

Il semble bien à l'heure actuelle que tout le croît disponible du cheptel est entièrement engagé dans la consommation de la Colonie, à l'exception toutefois des animaux exportés par voie de terre dans les pays voisins.

C'est donc sur cette dernière catégorie qu'il faudra prélever les bovidés de consommation destinés à la création d'un mouvement d'exportation par mer.

L'exportation sur Sierra-Leone et le Libéria se fait selon des conditions spéciales très avantageuses pour l'indigène ou le dioula qui lui sert d'intermédiaire. Il n'existe aucun droit à la sortie et nous avons vu que les prix offerts à Sierra-Leone sont notablement supérieurs à ceux qu'ils atteignent dans l'intérieur de la Guinée. Enfin, les bœufs sont échangés dans ces régions directement ou après vente monnayée contre des noix de kola revendues ensuite à gros bénéfices dans notre Colonie. Cette transaction, outre l'avantage matériel qu'il leur procure, présente pour les indigènes une attirance particulière en raison de leur goût si vif pour les kolas.

Débouchés. — Tous les pays situés au Sud de la Guinée, sur le littoral jusqu'au Congo, sont extrêmement pauvres en bétail, exception faite pour le Dahomey. Sierra-Leone et le Libéria, par suite de leur voisinage, sont ravitaillés par terre; la Côte d'Ivoire reçoit également quelques bœufs venant soit du Sénégal par paquebots, soit du Soudan ou de la Haute-Guinée par voie de terre pour le haut-pays; mais dans ce dernier cas, les animaux sont fatigués par une longue route, souvent trypanosomés et le déchet est immense.

Le Gabon avec Libreville et le Congo sont tributaires du Sénégal pour une faible quantité; le total des animaux importés dans ces Colonies ne représente qu'une part infime de leurs besoins et il y aurait là un débouché assez largement ouvert à la production de l'Afrique occidentale et en particulier de la Guinée. Des demandes de ces deux Colonies pour l'alimentation des principaux centres sont fréquemment parvenues et jusqu'à maintenant le commerce local n'a pu les satisfaire.

Le seul mouvement d'exportation commencé par voie de mer a été entrepris sur Free-Tovon. Une maison de commerce de Conakry expédiait de la sorte, encore en 1908, un certain nombre de bœufs dont le transport lui revenait à 40 francs par tête, nourriture comprise. En raison des difficultés du ravitaillement, les animaux étaient assez souvent de qualité médiocre, ce qui n'empêchait pas leur rapide écoulement.

Il n'est pas douteux qu'un trafic analogue sur la Côte d'Ivoire, le Gabon et même le Congo ne soit appelé à un certain succès, en desservant des Colonies privées de viande de boucherie jusqu'à ce jour.

La latitude de la Guinée en fait le centre producteur le plus rapproché des Colonies du Sud à pourvoir et lui donne de ce fait un avantage marqué sur le Sénégal.

De plus, le zébu et son croisement avec le n'dama, animaux très résistants dans leur pays d'origine, dépérissent rapidement dès qu'ils sont transportés vers le Sud et supportent médiocrement la traversée pendant laquelle, malgré une alimentation convenable, l'amaigrissement est considérable; il en résulte un déchet très sensible. Cet amaigrissement est beaucoup moins à craindre avec le bœuf de la Guinée, plus résistant et ayant à effectuer une traversée un peu plus courte.

La Compagnie Fraissinet embarquait à Dakar, en 1908, 100 bœufs par an pour Grand-Bassam, 50 pour Libreville; ces chiffres ont du s'accroître par la suite, le prix du transport étant 60 francs par tête pour Grand-Bassam, 80 francs pour Libreville, il aurait été abaissé à 40 et 60 francs pour le bétail emmené de Conakry.

On conçoit que le commerçant de Guinée pourrait fournir en viande la Côte d'Ivoire et le Gabon n'aurait pas à craindre la concurrence du Sénégal. En admettant même que la viande fut débitée à 3 francs ou 3 fr. 50 le kilo à Libreville, prix qui peut être certainement bien diminué, leur écoulement en serait cependant assuré.

Pour le Sénégal, les débouchés du Nord offriraient au contraire plus d'avantages. Au moment où l'on se préoccupe dans tous les états européens du renchérissement exagéré de la viande de boucherie, en présence de l'augmentation formidable de sa consommation durant ces dernières années, il est à prévoir que la Métropole elle-même demandera à ses Colonies les plus rapprochées c'est-à-dire à celles du groupe de l'Afrique occidentale, une part du complément indispensable à ses besoins, comme elle s'est adressée déjà dans le même but à Madagascar.

Le marché français, lui-même fournisseur de l'étranger, est assez vaste pour qu'à côté du bétail sénégalais les bœufs n'damas puissent y trouver place et nous ne doutons pas qu'ils y rencontrent une certaine faveur. Mais en dehors de toute considération de production locale, la possibilité de l'entreprise et son rapport probable restent étroitement liés aux conditions de transport que voudraient consentir les compagnies de navigation, au point de vue du prix et de l'aménagement spécial des navires.

Il est à peu près certain que les bœufs guinéens, reposés du voyage, trouveraient preneur sur pied à raison de 80 francs les 50 kilogrammes de viande nette, tandis que le prix de revient à Conakry n'excéderait pas 45 francs pour la même quantité. Le bénéfice ne dépend donc que des tarifs de transport.

Quel que soit le débouché choisi, le bœuf d'exportation doit donner un rendement aussi élevé que possible. On aura tout intérêt à s'approvisionner de mâles castrés d'un grand format et en bon état. Le prix d'achat par unité sera évidemment plus élevé, mais le kilo de viande vendue à destination reviendra à meilleur compte. Les prix de transport s'appliquant généralement non au poids mais au nombre des individus.

On peut aussi prévoir une différence du simple au double pour la quantité de viande transportée à prix égal de Conakry au port de débarquement.

Il existe également au Dahomey une population bovine spéciale au pays. Mais il semble que sa faible densité ne permette pas à cette Colonie de se dessaisir de bétail de boucherie; la valeur numérique des bovins pouvant atteindre à peine le septième de celle des bœufs guinéens. D'ailleurs le bétail y est plus léger, son prix relativement plus élevé et la viande qu'il donne de qualité inférieure à la nôtre.

Le transport par mer de bétail vivant présente des inconvénients qui tiennent à la nouveauté de ce genre d'opération pour la Colonie, mais que l'on peut cependant atténuer. Des installations spéciales seraient nécessaires, que nous examinerons par la suite. Ce que l'on ne supprimera jamais, c'est le déchet qui ne manquera pas de se produire en cours de route par amaigrissement et mortalité.

Il paraîtrait certainement plus intéressant, à la fois pour le producteur et pour l'intermédiaire d'exporter sous forme de viande congelée ou même frigorifiée, c'est-à-dire soumise à une température voisine de 0° et légèrement supérieure à la température de congélation de l'eau. Mais une usine frigorifique ne peut être alimentée encore par la Guinée. Ainsi que l'indique M. Pierre dans son ouvrage : *L'Elevage en Afrique occidentale française*, le froid industriel trouverait au contraire à Dakar de multiples applications soit pour la conservation des produits alimentaires, soit par l'adjonction de toute autre spéculation répondant aux besoins locaux.

Les viandes expédiées sur pied de la Guinée, du Sénégal voir même du Soudan par le fleuve, seraient abattues, travaillées et modérément frigorifiées, traitées en un mot dans l'établissement dans la proportion nécessaire à la demande qui, fatalement, se serait produite en Europe. Les nécessités économiques amèneront, un jour ou l'autre, la création, par l'initiative privée, d'une usine de ce genre et sa prospérité nous apparaît certaine.

L'expédition de viande simplement frigorifiée serait susceptible de prendre une extension rapide et l'on se verrait obligé d'envisager, dès le début, l'aménagement convenable des paquebots que devraient comporter des cales froides dont la température resterait comprise entre $+ 1°$ et $+ 3°$. La distance entre Dakar et la France est actuellement assez rapidement couverte pour qu'il soit possible, absolument indiqué même, d'amener au port de débarquement de la viande non congelée. On ne ferait d'ailleurs que suivre en cela l'exemple récent de l'Amérique du Nord, dont les viandes, tranportées dans ces conditions, arrivent en Europe, après un trajet de sept à dix jours, dans un état surprenant de fraicheur et ne subissent sur les marchés aucune dépréciation par rapport aux viandes indigènes.

Ces viandes peuvent être conservées facilement deux à trois semaines sans rien perdre de leur aspect et de leurs qualités digestives.

La viande congelée expédiée en grande quantité de l'Argentine a subi au contraire des modifications intimes très marquées, encore exagérées par les inconvénients de la décongélation faite le plus souvent dans des conditions défectueuses, sans la transition nécessaire en atmosphère graduellement croissante. Aussi prend-elle rapidement cet aspect mouillé, sale et répugnant qui la déprécie tant auprès des consommateurs, à juste titre, car elle conserve toujours un goût caractéristique.

Nous sortirions de notre cadre en nous étendant davantage sur cette question si intéressante pour la Guinée comme pour nos colonies de l'Afrique occidentale française riches en gros et petit bétail.

Ravitaillement. — L'exportateur d'animaux vivants devra se préoccuper avant tout du mode et des conditions du ravitaillement en produits de l'élevage.

Si l'on peut se procurer de magnifiques bêtes à des prix dérisoires pendant les mauvaises années commerciales et agricoles, ou assez facilement à de certaines époques, nous avons vu que pendant la saison de traite, c'est-à-dire en saison sèche, il n'en est pas de même et l'indigène tire alors ses revenus des produits du sol. C'est surtout lorsque le Foulah veut achever de payer son impôt qu'il vend du bétail; aussi serait-il facile pour le commerçant de se ravitailler à bon compte au début de l'hivernage.

Le moyen le plus simple de pratiquer le commerce des bœufs avec l'intérieur consisterait donc à acheter les animaux au moment favorable sur les marchés de Kindia et de Mamou, directement aussi dans les centres d'élevage et à les embarquer sans retard vers les débouchés prévus : les Colonies du Sud ou les ports français. On éviterait ainsi, non seulement des frais de garde et d'entretien, assez peu onéreux, il est vrai, à condition d'avoir une installation suffisante, mais encore les vols qui sont plus à craindre.

Un parc rudimentaire à proximité du chemin de fer serait nécessaire pour garder les animaux en attendant leur embarquement, car on ne peut songer à les conserver longtemps dans le voisinage de Conakry où leur nourriture serait difficile à assurer et de mauvaise qualité. Ils ne devraient arriver au port d'embarquement que la veille du départ pour leur destination définitive.

Ce système conviendrait surtout au commerçant qui ne peut ou ne veut engager, au début d'une pareille affaire, que des capitaux modestes. Mais les risques, les aléas et les frais généraux sont inversement proportionnels à l'importance de l'entreprise. Bien que l'exportation annuelle de quelques centaines de têtes puisse devenir fructueuse, on aurait tout avantage à opérer avec un fonds de roulement assez élevé, qui permette d'étendre l'opération sur deux à trois mille unités. On peut compter, en effet, dès maintenant, que trois mille bœufs de boucherie peuvent être, chaque année, exportés par mer de la Colonie. Un prix d'achat moyen de 0 fr. 40 à 0 fr. 50 le kilogramme de poids vif, l'animal rendu au parc de réserve, permettrait à coup sûr d'atteindre la totalité de ce chiffre. Ce prix, qui paraît actuellement exagéré dans l'intérieur de la Colonie, serait nécessaire pour lutter contre la concurrence de Sierra-Leone.

Ce serait une disposition des plus favorables que de greffer sur l'opération une exploitation agricole adaptée aux ressources de la région. L'orientation de cette branche adjacente pourrait être dirigée vers la production de cultures de rapport, légumes, ananas, etc...; ou industrielles, sans préjudice bien entendu, des cultures fourragères indispensables. L'existence des parcs de réserve et la garde obligatoire du bétail, pendant la saison sèche surtout, dans l'attente de son écoulement progressif, amènerait tout naturellement le spéculateur à se préoccuper de la nourriture du troupeau pendant la période mauvaise et, dans ce but, à tirer parti de la fumure obtenue. Il récupèrerait donc la perte sèche occasionnée par le séjour des animaux et l'immobilisation du capital qu'ils représentent en constituant des terrains de culture.

L'installation principale ne pourrait être située qu'à proximité de la voie ferrée, en un point aussi rapproché que possible du chef-lieu de la Colonie et particulièrement favorable à l'élevage, enfin, à peu de distance du Fouta-Djallon. Seule la portion de la ligne comprise entre Kindia et Mamou répond à ces divers désidérata. On ne saurait trouver mieux à tous égards que la haute vallée du Koukouré qui présente sur les contre-forts du massif guinéen de vastes pâtures pour la saison des pluies et dans le fond de la vallée une large bande de terrain où la végétation reste aqueuse et verdoyante en saison sèche.

Le prix de revient à l'embarquement serait donc augmenté du transport par la voie ferrée, proportionnellement au tarif du Chemin de fer P. V. n° 2 qui est de 50 francs par petit wagon renfermant de 8 à 10 gros bœufs expédiés de Kindia et de 100 francs depuis Mamou.

De grands wagons sont également mis en circulation moyennant un tarif double. Mais ils peuvent renfermer de 20 à 25 têtes de gros bétail et offrent donc un avantage incontestable à l'expéditeur. Afin d'éviter les dispersions des efforts et pour assurer l'unité de direction, il serait favorablement plus profitable encore de chercher à produire soi-même une partie de bétail à exporter, par la constitution primitive d'un troupeau de quelques centaines de vaches comportant un taureau convenablement choisi par fractions de 40 femelles aptes à la reproduction. Une alimentation rationnelle des jeunes surtout et du troupeau tout entier en toute saison, une sélection rigoureuse des reproducteurs permettraient d'obtenir à très bon compte, grâce au faible prix de la main-d'œuvre, des animaux de boucherie d'un type supérieur à la moyenne ordinaire. Les vaches ne pourraient être exportées, mais on en vendrait l'excédent à un prix avantageux aux Foulahs eux-mêmes.

Il y a là une industrie nouvelle à exploiter pour des capitalistes que n'effrairaient pas une première mise de fonds assez considérable ; l'affaire ne tarderait pas à rapporter de beaux bénéfices par l'exportation immédiate des animaux achetés aux éleveurs indigènes. En quelques années, les résultats pourraient être considérablement accrus par suite de l'amélioration des terrains, des procédés de culture, l'amélioration même du bétail de la ferme et par l'expérience acquise pour l'entretien des animaux mis en réserve. Une étude minutieuse des conditions de l'installation et des débouchés ouverts s'impose tout d'abord pour les intéressés.

En résumé, dès maintenant, il y a place en Guinée pour une entreprise agricole ayant pour but essentiel l'exploitation du bétail vivant en vue de la boucherie et de l'exportation bovine et, d'un autre côté, du renchérissement de la viande en Europe, l'accès du marché français ne peut tarder à lui être offert en toute franchise.

L'exportation annuelle de 2 à 3,000 têtes de bétail entreprise vers le Sud et vers le Nord constitue le moyen de choix pour augmenter tout à la fois la quantité et la qualité de la production bovine. Elle doit être envisagée comme un puissant facteur d'amélioration ; elle régulariserait les cours dans une forte proportion et amènerait en quelques années l'indigène à sélectionner ses reproducteurs pour obtenir les bœufs du type demandé.

MOUTON

On ne rencontre en Guinée qu'une seule race dont l'aire de dispersion s'étend d'ailleurs à toute l'Afrique occidentale, décrite par M. C. Pierre, sous le nom de race du Fouta-Djallon. Cet auteur en donne les caractères suivants :

« Mouton de petite taille (0^m50 à 0^m70), au corps trapu, au col long et mince, à cuisses rondes ; tête relativement forte à museau mousse, dépourvue de cornes, excepté chez le mâle chez qui elles sont larges à la base, prismatiques, à larges stries, dirigées en dehors, en arrière et en bas.

« La queue est longue et fine. La peau est garnie d'un poil court, fin et brillant ; chez le mâle, les poils du cou et d'une partie des épaules sont longs et forment une crinière qui donne à l'animal l'aspect d'un petit bison.

« Pelage invariablement noir et blanc, diversement mélangés. »

On trouve très rarement des pelages roux et blanc.

La densité de la population ovine est très faible en Guinée ; on ne compte que 120,000 moutons environ. Ces animaux ne sont pas élevés en immenses troupeaux comme dans le Sahel et le Macina. Le plus souvent, les indigènes ne possèdent que quelques individus, mais les soignent spécialement. D'ailleurs, cet animal, bien que très rustique et également résistant aux maladies exotiques, est cependant plus exigeant que le bœuf sous le rapport de la nourriture et de l'abri.

Il est sensible aux intempéries et c'est autant pour en

les préserver que pour les garantir des fauves que les indigènes rentrent leurs moutons chaque soir, en compagnie des poules, dans leur propre case souvent ou dans les locaux spéciaux surélevés par des pieux. Dans les cases, un surélèvement du sol contre la paroi leur est généralement affecté. Le lait intégral de la mère est laissé au jeune; la brebis, faible laitière, ne peut être exploitée à ce point de vue.

On donne le nom de moutons de cases aux animaux particulièrement choyés, toujours castrés, auxquels sont réservés quelquefois les reliefs des repas; certains d'entre eux, toujours très gros, prennent un développement plus considérable et arrivent à peser 40 et parfois même 50 kilos donnant un rendement de plus de 55 %.

Le poids moyen oscille autour de 25 kilos et le rendement en viande nette autour de 50 à 52 %.

La viande est d'excellente qualité, tendre et savoureuse pour les animaux castrés, gras et qui ont été proprement travaillés. Le suif est peu abondant.

De meilleure conformation que les moutons peuhls et maures, avec un squelette moins grossier, moins haut sur pattes, de gigots mieux descendus et plus épais, le mouton du Fouta-Djallon est une excellente bête de boucherie. Mais les indigènes les réservent généralement pour leur consommation personnelle à l'occasion de leurs sacrifices et de leurs fêtes, plus spécialement pour la « Tabaski » ou fête du mouton et pour la fin du rhamadan.

Il est certes regrettable que son élevage ne soit pas pratiqué de façon plus intense; mais, en l'état actuel des choses, en raison des précautions dont il faut l'entourer et de la consommation de luxe dont il est l'objet, il est peu probable que la Guinée devienne avant longtemps un véritable pays d'élevage pour cet animal.

En dehors de la consommation particulière, on abat peu de moutons dans les centres commerciaux; les bouchers locaux s'en procurant difficilement, car les indigènes y tiennent autant qu'à leurs bœufs et en possédant un petit nombre; ils sont parfois obligés de les payer fort cher, notamment à Conakry où il n'est pas rare de voir une bête de 25 à 30 kilos atteindre le prix de 30 francs.

Il ne faut pas songer par conséquent à l'exportation de ces animaux; l'opération ne porterait jamais que sur un nombre de têtes trop restreint pour donner lieu à un bénéfice appréciable. Mais l'élevage privé, pour la vente dans les gros centres ou pour l'exportation, peut fort bien en être entrepris par un colon ou même un commerçaut; son amélioration pour la boucherie est des plus faciles à réaliser. Aussi cette tentative serait-elle susceptible de devenir, en peu de temps, très fructueuse relativement aux faibles capitaux à engager.

Une expérience intéressante mérite d'être entreprise en Guinée et principalement dans la zone des plateaux du Fouta, en vue de l'acclimatement du mouton à laine du Macina.

CHÈVRE

L'élevage de cette espèce est moins important encore; il n'en existe guère que 5,000 représentants dans la Colonie.

Ces caractères en ont été donnés par M. Pierre :

« Tête forte, pourvue de cornes longues et épaisses; oreilles courtes semi-tombantes; corps trapu; queue très courte et relevée; membres courts et épais; mamelles peu développées; poil ras; pelage passant du marron au fauve clair avec une raie de mulet; barbe longue et bien fournie.

« Le mâle possède une ligne de poils plus longs et plus foncés sur le dos.

« Animaux très prolifiques et très rustiques, mais vagabonds à l'excès. »

Ils sont généralement négligés par les noirs eux-mêmes et n'ont qu'une faible valeur commerciale : 3 à 5 francs. La chèvre est très peu laitière, mais les indigènes consomment cependant une partie de la sécrétion mammaire; ce lait est surtout réservé aux serviteurs.

La viande est généralement bonne, sans odeur prononcée,

le chevreau jeune, castré et bien alimenté fournit une viande très appréciée des européens.

CHEVAL

La Guinée n'est pas un pays d'élevage du cheval. Le dernier recensement de cette espèce date de 1909 et accuse un total de 2,500 animaux pour toute la Colonie. En grande majorité, ce sont des produits d'importation, venant principalement du Soudan au début de la saison sèche. Le Sénégal en fournit également quelques-uns à la Basse-Guinée, enfin dans la région de Kadé et dans le Fouta il en vient parfois de la Guinée portugaise.

Il est rare de trouver dans le pays des animaux de bonne tenue. La production chevaline des Colonies précitées trouve sur place des débouchés suffisants pour les meilleurs sujets. Le cheval est cependant considéré par les indigènes comme un objet de grand luxe, et une bête jeune, de quelque tenue, s'acquiert toujours, surtout si elle est d'une taille supérieure à 1^{m}40, à des prix très élevés. Certains chefs aisés n'hésitent pas à payer une monture 1,000 francs et même davantage.

Les juments sont en petit nombre ; il en existe à peine 450 ; elles ne donnent d'autre part que des descendants dégénérés.

Cette dégénérescence s'accuse très vite, dès le premier produit, par la réduction de la taille et du format, l'exagération des défauts des ascendants, l'affaiblissement des réflexes, l'abâtardissement. La filiation se poursuit rarement pendant plusieurs générations et l'ensemble de la population est entièrement renouvelé en quelques années par les importations constantes.

On peut distinguer cependant quelques régions d'élevage, ou plutôt d'agglomération chevaline dans les points voisins des pays fournisseurs : les cercles de Beyla, de Siguiri, de Kankan.

Les animaux sont en majorité originaires du Soudan. Il existe bien quelques poulinières, mais de fort mauvaise tenue généralement, donnant des produits médiocres, sans aucun caractère; la taille est faible, la tête volumineuse, l'encolure lourde et mal attachée, la poitrine serrée, les aplombs défectueux, le rein faible et l'arrière-train étriquée à croupe avalée. Les indigènes se remontent du côté de Bamako ou bien achètent les chevaux amenés par les Maures ou les Dioulas, non sans de longues discussions et de multiples galops d'essai.

Le Nord du Fouta, avec les cercles de Labé et de Kadé, est habité par quelques chevaux venus du Soudan, du Sénégal et du N'Gabou ou résultant du fusionnement de ces trois races. Une cavalerie assez nombreuse et de bonne qualité avait été réunie autrefois à grands frais à Kadé par Alpha Yaya, mais elle a été complètement détruite par les trypanosomiases. Dans le cercle de Dubréka, on trouve encore une centaine de chevaux rappelant les types sénégalais dégénérés.

Plusieurs raisons s'opposent à ce que cet élevage réussisse en Guinée, en l'état actuel des choses.

L'une des principales est sans aucun doute l'extrême diffusion des trypanosomoses qui déciment les chevaux pendant et après l'hivernage.

D'autre part, l'indigène n'applique le plus souvent aucun des principes les plus élémentaires qui devraient le guider dans cette voie. Il exagère encore tous les défauts de l'éleveur soudanais. Les quelques chevaux de la Guinée sont non seulement l'apanage des chefs ou des gens riches, mais encore de tous ceux qui, disposant du prix d'achat, ont l'orgueil d'une monture à laquelle ils ne peuvent assurer qu'une ration aléatoire. L'hygiène alimentaire n'existe pas; les chevaux se contentent le plus souvent d'herbe qu'ils trouvent peu ou prou selon la saison. Ce n'est guère que dans la vallée du Niger où les noirs récoltent dans ce but de la paille d'arachide, qu'ils reçoivent pendant quelques mois de saison sèche un supplément de fourrage sec. Ceux qui peuvent manger du mil régulièrement sont l'exception; même pendant les premiers mois qui suivent la récolte, il est rare qu'on leur en distribue.

Aucune précaution n'est prise dans la régulation du travail qui n'a d'autres limites que la fantaisie du cavalier; les poulains sont montés trop tôt; à dix-huit mois, des enfants les poussent déjà en galops échevelés.

Enfin, les juments sont saillies trop jeunes et sans aucun souci d'amélioration par des étalons défectueux.

L'abondance de la latérite et le défaut de toute ferrure nuisent encore à l'utilisation de l'espèce.

Dans de telles conditions, le cheval ne peut être autre chose qu'une monture de luxe pour un faible parcours, mais non un précieux auxiliaire, sauf entre les mains d'un européen.

MULET

En présence des difficultés d'acclimatement pratiques de l'espèce chevaline, on fut amené à étudier la possibilité de faire l'élevage du mulet.

Des mulets de France ou d'Algérie avaient été à plusieurs reprises introduits en Guinée; certains ont même rendu de grands services dans quelques entreprises et, récemment encore, pendant la tournée de police effectuée au Fouta-Djallon.

Si la mortalité a été très élevée sur l'effectif des travaux neufs, il est vrai de dire que ces animaux effectuaient à ce moment un travail très dur, toujours au milieu de débroussaillements et de chantiers de terrassement, dans une région des plus malsaines. Par contre, il existe encore à Conakry, à Timbo, des mulets qui, entretenus dans d'assez bonnes conditions, faisant un service modéré et réglé, résistent au climat guinéen depuis de nombreuses années.

A plus forte raison, des mulets produits sur place avec des juments du pays pourraient être appelés à contribuer, dans une certaine mesure, au développement économique de la Colonie, en diminuant le portage commercial et administratif.

Dans ce but, deux baudets de Provence furent achetés par la Guinée et une propagande active fut faite auprès des indigènes pour essayer de les intéresser directement à la production mulassière; il fut même décidé qu'une prime serait allouée à tout propriétaire d'un muleton de trois mois.

Malheureusement, on se heurte ici à un ensemble de conditions des plus défavorables. Tout d'abord, la Guinée n'est pas un pays d'élevage du cheval, avec ses 450 mauvaises juments, rares surtout au Fouta-Djallon, dans la région montagneuse où le mulet serait le plus utile; les indigènes ne peuvent s'en procurer facilement dans les Colonies voisines où elles ne sont que par exception livrées au commerce. D'ailleurs, les juments importées doivent traverser, avant de parvenir à destination et par quelque point qu'elles pénètrent, les zones dangereuses infestées de glossines et il arrive fréquemment qu'elles se trypanosoment en cours de route. Enfin, le noir ne se rend pas compte de l'intérêt qu'il retirerait de l'élevage du mulet; il préfère encore obtenir d'une jument un poulain dégénéré, sans aucun caractère comme sans utilité, mais sur lequel il paradera les jours de fête, plutôt qu'un mulet vigoureux dont il se servirait pour le transport de ses caravanes ou qu'il revendrait très cher aux commerçants européens.

ANE

En Haute-Guinée et dans la région de Touba, on rencontre de petits ânes du Soudan, employés comme animaux de bât par les Dioulas. Très robustes et très résistants malgré leur petite taille, ils portent à une allure irrégulière et lente, il est vrai, des fardeaux extrêmement lourds, pesant parfois plus de 100 kilos.

OISEAUX DE BASSE-COUR

On trouve partout, dans les moindres villages, un grand nombre de poules de petite taille qui sont pour les indigènes et surtout pour les européens isolés, une ressource alimentaire précieuse. C'est la même race que celle que l'on rencontre dans toute l'Afrique occidentale.

Très rustiques, ces animaux ne sont l'objet d'aucune sol-

licitude sauf en Haute-Guinée où les indigènes leur portent
parfois des débris de termitières; ils cherchent eux-mêmes
leur nourriture surtout composée d'insectes et picotent les
grains échappés au moment du décorticage du riz.

On les rentre chaque soir dans les cases même d'habitation; chez les foulas, leur place habituelle est l'argamas
en bambou, à hauteur de la tête, qui reçoit tous les objets
encombrants; parfois, lorsqu'elles sont nombreuses, une
sorte de poulailler primitif, bas, à petite ouverture, est
spécialement établi.

La poule ne donne pas plus de cent œufs par an, de petit
volume, pesant en moyenne trente-cinq grammes. Elle est
très bonne couveuse. Les œufs ne sont jamais consommés
par les indigènes; mais aux environs des villes importantes
telles que Conakry, Kindia, Mamou, etc., ils emportent
volontiers au marché une certaine quantité et ne les
vendent alors jamais moins de 0 fr. 10, souvent même
0 fr. 15 pièce.

Les poules et poulets valent de 0 fr. 50 à 1 fr. 50. La chair
est dure et de qualité médiocre, mais devient plus tendre,
moins sèche et plus savoureuse sous l'influence d'un régime
approprié. Il serait également possible, par sélection et par
des soins alimentaires, de donner à la race un peu d'ampli-
tude tout en améliorant ses facultés. Les croisements avec
les races étrangères réussissent très bien, mais il est nécessaire de revenir fréquemment au sang améliorateur.

Les Foulahs pratiquent également le chaponnage selon
la méthode ordinairement employée en Europe.

On trouve encore à l'état domestique le canard de Bar-
barie, la pintade et le pigeon.

L'acclimatement du dindon mérite d'être essayé dans les
basse-cours des européens.

PORC

En raison de la prépondérance toujours plus grande de
la religion musulmane, le porc est extrêmement rare en
Guinée; on ne le rencontre que chez quelques peuplades

fétichistes de la côte et en quelques points de Haute-Guinée où il a été introduit par des européens.

Il se rattache à la race ibérique ; la taille est petite, la tête longue, le groin effilé, les oreilles dressées et dirigées en avant. Son poids varie de 30 à 60 kilos, selon le régime auquel il est soumis.

Les bouchers de Conakry en font venir de temps à autre du Rio-Pongo et du Nunez. Il en existe quelques-uns en Mellacorée.

La viande est le plus souvent de qualité inférieure, mais par suite de sa rareté est volontiers consommée par les européens.

On peut rapprocher de cet animal des phacochères et les potamochères qui, très nombreux, vivent à l'état sauvage, mais qu'il est facile de domestiquer dans le jeune âge.

Renseignements généraux sur l'état sanitaire des populations animales.

La réputation de résistance des races bovine et ovine du Fouta-Djallon aux causes morbides sporadiques ou épizootiques n'est plus à faire. Il nous est impossible, dans une étude aussi rapide, de nous arrêter longuement sur le chapitre des maladies ; nous nous bornerons donc à quelques indications générales.

L'hygiène et l'alimentation toutes primitives, l'entretien des animaux au grand air en toute saison ont contribué, nous l'avons dit, à donner à la race bovine surtout des qualités de rusticité précieuses qui l'ont mis jusqu'à ce jour à l'abri des grandes contagions, la protègent contre les infections qui sembleraient, au premier abord, les plus dangereuses et qui furent les plus incriminées, à tort le plus souvent, les trypanosomes.

L'état sanitaire des bovidés et même des ovidés est aussi satisfaisant que possible, particulièrement au Fouta-Djallon et en Haute-Guinée. Vers la côte, il existe quelques régions, dans les rivières, où le bétail s'acclimate plus difficilement, dégénère au bout de quelques générations et devient plus sensible aux causes morbides.

Celles-ci sont plutôt accidentelles : coups, chûtes, blessures consécutives à des coups de corne, frottements répétés sur un sol inégal produisant les hygromas du genou, assez fréquents, parfois volumineux, mais sans aucune gravité.

Pendant les périodes de tornades, un certain nombre d'animaux sont accidentés ou tués par la foudre.

Par suite de l'absence de surmenage physiologique des divers appareils, les maladies sporadiques sont extrêmement rares.

Les maladies de l'appareil respiratoire ne sont guère constatées que sur des animaux âgés et se réduisent le plus souvent à des bronchites chroniques et à de l'emphysème.

Sur l'appareil digestif, des localisations pathogènes sont également très peu fréquentes.

Les maladies et accidents de la gestation ne se rencontrent presque jamais; c'est encore là une conséquence du mode d'élevage pratiqué et de la sélection naturelle exercée dans le temps.

Les animaux sont plutôt attaqués par des parasites, en raison de la forme particulièrement vive que prend sous nos climats la lutte pour la vie.

Parasites de la peau. — Les ixodes ou tiques sont extrêmement fréquents sur tous les animaux. Il en existe de nombreuses espèces. On en trouve parfois sur les bovidés qui prennent un énorme développement au périnée, au pourtour de la vulve et de l'anus, où ils forment une tumeur qui grossit jusqu'à prendre le volume d'un œuf de pigeon.

Les ixodes sont les agents de propagation de la piroplasmose. Mais nous n'avons pu, jusqu'à maintenant, trouver de piroplasmes que chez le chien.

Nous avons rencontré chez le cheval de la gale psoroptique et des lésions de teigne.

Chez le chien, la gale folliculaire est très répandue et revêt, comme en Europe, un caractère grave.

Des larves d'œstres cuticoles vivant sous la peau produisent parfois chez le bœuf des lésions cutanées qui s'abcèdent.

Parasites des centres nerveux. — Des *cœnures* se rencontrent parfois dans les centres nerveux du mouton.

Parasites des voies respiratoires. — Des larves d'œstres cavicoles habitent parfois les cavités nasales et les sinus du mouton.

Les cœnures et les larves d'œstres cavicoles paraissent beaucoup plus fréquents sur les herbivores sauvages que sur le bétail domestique.

Pendant la saison sèche, au moment où l'eau est peu abondante en certains endroits, les animaux sont parfois contraints de s'abreuver d'eau stagnante renfermant des sangsues et surtout des *limnatis.* Ces parasites peuvent s'attacher sur tout le corps, mais on constate plus particulièrement une action élective des limnatis sur les cavités nasales plutôt que sur la muqueuse buccale ou pharyngienne.

Lorsqu'elles sont nombreuses, elles peuvent provoquer des accès d'apparence rabiforme et des menaces d'asphyxie. Les indigènes s'aperçoivent très vite de leur présence; ils les extirperaient en présentant à l'entrée des naseaux une calebasse remplie d'eau et saisiraient les limnatis au moment où elles apparaissent, au moyen d'une feuille râpeuse très répandue. Sur les animaux inspectés à l'abattoir de Conakry, à Mamou ou partout ailleurs, nous n'avons jamais rencontré de nématodes parasites des bronches ou des poumons (strongles).

Parasites de l'appareil digestif. — Des *ascarides* et des *oxyures* se rencontrent assez fréquemment chez le cheval et chez le chien.

Des *trématodes* variés se rencontrent chez le bœuf, le mouton et la chèvre, des amphistomes dans le rumen de ces trois espèces.

On constate assez souvent la présence de distomes dans le foie, surtout chez le bœuf ; ce sont généralement des petites douves se rapprochant de la *distoma lanceolatum*, de 5 à 8 millimètres de long sur 2 à 2,50 de large. Sur 180 bœufs examinés en avril et mai à Conakry, 32 étaient porteurs de cette petite douve, 2 seulement présentaient la grande douve hépatique ou une espèce voisine. Cette dernière est beaucoup plus fréquente, au contraire, sur les bœufs à bosse abattus en Haute-Guinée.

Des cestodes, des ténias habitent souvent l'intestin du bœuf, du mouton, de la chèvre et surtout du chien qui est souvent porteur de plusieurs espèces à la fois.

Parasites des séreuses. — Le *systicercus tenuicollis du tœnia marginata* du chien se rencontre en abondance sur la séreuse péritonéale du mouton, de préférence dans la cavité du bassin.

Des *filaires* se voient parfois sur la conjonctive du bœuf, *parasites des muscles.* La *ladrerie* du bœuf est très fréquente en raison de l'entretien des animaux en liberté et de la dispersion des anneaux de ténias par les indigènes. Nous avons rencontré plusieurs fois en août et septembre 1911 des *cysticercus bovis* avec les quatre ventouses caractéristiques, dans les ptérygoïdiens, sur le muscle long du cou, sur le droit antérieur de la tête ; sur le cœur, des cysticerques calcifiés se remarquent très souvent. On ne peut estimer exactement la proportion des animaux parasités, mais elle est certainement très élevée. Aussi doit-on conseiller en tous les cas la cuisson suffisante de la viande. Le ténia est souvent contracté par les indigènes et les européens.

Il faut signaler chez les lièvres du pays la présence assez commune de cystiques du genre *cœnures*, dans le tissu conjonctif sous-cutané, dans les séreuses et dans le tissu conjonctif interfasciculaire. Ces cystiques semblent s'identifier au *cœnurus serialis* du ténia serialis de l'intestin grêle du chien ou à une autre espèce toute voisine.

Parasites du sang. — Trypanosomes, piroplasmes, microfilaires.

Intoxications végétales. — Les indigènes incriminent certaines plantes d'être la cause de la mortalité anormale que l'on constate sur le bétail à la fin de la saison sèche. Leur assertion, sans doute exagérée, comporte cependant une part de vérité. Nous avons pu vérifier expérimentalement la toxicité des jeunes pousses d'un arbuste que les Foulahs appellent « mémé », très répandu sur les terrains secs, latériques, à flanc de coteau et sur les plateaux, et qu'ils accusent en premier lieu. L'empoisonnement se traduit par des troubles généraux, des troubles digestifs, de la constipation et des coliques, des troubles locomoteurs et nerveux, une chute marquée de la température peu de temps avant la mort. A l'autopsie, on rencontre surtout des lésions de gastro-entérite et de cystite. Les feuilles adultes du mémé sont complètement inactives; mais les jeunes feuilles-portent pour la plupart des productions pathologiques consistant en des épaississements d'un vert plus sombre, irrégulièrement circulaires, visibles à la surface ventrale de la feuille, avec un point central plus foncé et proéminent; ces taches disparaissent sur les feuilles adultes. La toxicité des jeunes pousses est-elle due à ces productions parasitaires ou seulement à des alcoloïdes qui pourraient être des termes de passage de certains matériaux nutritifs?

Quoiqu'il en soit, à la fin de la saison sèche, il se produit une poussée de sève qui fait sortir sur les arbustes des jeunes organes; le bétail, poussé par la faim, choisit de préférence les pousses d'arbres et d'arbustes bas, parmi lesquels on rencontre en abondance des « mémés ».

Diarrhée des veaux. — Elle est fréquente en certaines régions, dans le Kadé et les environs de Touba, par exemple, et elle détermine chez les jeunes une mortalité élevée. Elle présente tous les caractères de l'entérite diar·

rhéique des jeunes animaux due à une pasteurella ou au coli-bacille. Elle apparaît quelques jours après la naissance et se traduit immédiatement par une diarrhée liquide, verdâtre ou blanchâtre, puis par de la dysenterie, un état de faiblesse extrême et de l'inappétence complète. La mort survient en quelques jours. Sur les malades cliniquement examinés, il n'a pas été relevé de lésions ombilicales. Un traitement prophylactique et curatif s'imposerait ; laver les régions postérieures de la vache et l'ombilic du jeune à l'eau bouillie et salée, à défaut d'autre antiseptique, recouvrir l'ombilic d'écorces pulvérisées antiseptiques et absorbantes, de poudre de charbon, assurer en un mot la propreté aussi parfaite que possible du vêlage. Donner à titre curatif des écorces pulvérisées renfermant du tannin, écorce de palétuvier, la plus efficace, écorce d'accacias divers.

Maladies contagieuses.

Les maladies contagieuses sont très rares sur le bœuf, le mouton et la chèvre. On a signalé jusqu'à présent que quelques endémies localisées en certains points et nous n'avons jamais pu observer sur le bétail guinéen l'effrayante mortalité qui y sévirait d'après quelques auteurs, mise sur le compte des trypanosomes, et que le docteur G. Martin estimait à 30 ou 40 % de l'ensemble du troupeau.

Trypanosomes. — Les maladies de cette catégorie s'attaquent fort peu à la race bovine dite du Fouta-Djallon. Dans certains points de la Colonie où les tsés-tsés sont très abondantes : Touba, Kadé (Haute-Guinée), on rencontre cependant de nombreux et riches troupeaux. Plus de 400 examens microscopiques de sang pratiqués dans la région de Kadé en décembre et janvier 1909 sont tous restés négatifs. La moitié au moins des préparations étaient faites avec du sang prélevé sur des animaux maigres et en mauvais état. Malgré de très nombreux prélèvements effectués dans la plupart des régions de la Colonie, nous n'avons jamais rencontré de trypanosomes sur les bœufs n'damas.

La race bovine paraît donc jouir d'une certaine immunité sinon parfaite, du moins assez marquée, à l'égard de l'infection naturelle trypanomiasique.

En Haute-Guinée, au contraire, on constate très souvent la présence des parasites dans le sang de la circulation générale sur les bœufs à bosse importés par les Maures.

Cette sorte d'immunité est moins marquée chez le mouton et la chèvre du pays, qui paient néanmoins un mince tribut aux trypanosomes.

Par contre, les chevaux offrent un terrain des plus favorables à l'évolution de ces affections. Sur tous les points de la Colonie, la majeure partie des décès des animaux de cette espèce est imputable aux flagellés. La dispersion des glossines sur tout le territoire, sur les routes mêmes qu'ils suivent lors de leur importation, au long des grandes vallées fréquentées par la mouche, met les chevaux sous la menace perpétuelle de l'infestation. L'élevage en est donc impraticable presque partout ; il ne deviendrait possible en certaines provinces du Fouta que par un débroussaillement exagéré, par l'exploitation agricole du sol et la destruction complète du gros gibier.

L'âne est également très sensible, bien qu'à un plus faible degré que le cheval.

Les chiens indigènes et surtout les chiens importés par des européens ou résultant d'un croisement avec la race locale sont fréquemment parasités et il est rare qu'un chien de chasse ne contracte tôt ou tard la maladie.

Le trypanosoma dimorphon paraît être l'agent le plus répandu ; dans la vallée du Niger et en Haute-Guinée, on trouve en outre sur les bovidés à bosse et les chevaux une espèce différente : le trypanosome *Cazalboui*, l'agent de la souma ; le *type Pecaudi* doit être également très fréquent.

Les symptômes sont généralement caractérisés par des accès de fièvre intermittents pendant lesquels les parasites sont aisément décelables dans le sang ; on note en outre des troubles visuels avec larmoiement de la conjonctivite de l'opacité de la cornée ; des localisations cutanées parfois ; des engorgements et des œdèmes des boulets, des testicules, de la région abdominale ; des troubles locomoteurs se traduisant par une paralysie progressive du train postérieur, une faiblesse de plus en plus marquée au travail.

La mort est presque toujours inévitable. La maladie affecte généralement une allure chronique et dure plusieurs mois après l'apparition des premiers symptômes ; l'appétit est conservé, mais l'amaigrissement est rapide ainsi que l'abattement et la faiblesse et se poursuit jusqu'au terme final. Des paralysies diverses peuvent survenir dans la dernière période, et la mort arrive dans un état de cachexie et d'étisie extrêmes.

Traitement. — Un seul traitement, celui de Thiroux et Teppaz, nous a donné des résultats sur des équidés affectés. Sur 6 juments achetées à Bamako en décembre 1908 et amenées à Dalaba, sur les plateaux du Fouta-Djallon, 2 se trypanosoment en cours de route et présentent, quand nous les revoyons quelques mois après, des trypanosomes peu nombreux dans le sang. Les parasites disparaissent sous l'influence des ingestions à dose massive d'orpiment précipité ; des examens ultérieurs et espacés ne nous ont jamais permis de retrouver les flagellés ; les deux bêtes sont encore en vie et en bonne santé trente mois après l'examen positif.

Lymphangite épizootique. — Cette maladie se rencontre sur le cheval dans toute l'étendue de la Colonie et, particulièrement, en Haute-Guinée où les chevaux sont plus nombreux ; mais elle existe encore à Tougué, à Touba, à Labé et a sévi fortement en 1909 et 1910 à Mamou où il s'était constitué une agglomération chevaline relativement importante parmi laquelle l'apport d'animaux atteints avait permis le développement de l'affection ; plusieurs décès devraient même lui être rapportés.

Les malades appartenaient généralement à des commerçants asiatiques et à des indigènes, les européens entretenant leur monture dans de meilleures conditions d'hygiène et leur évitant, d'ailleurs, tout contact avec les chevaux atteints.

Nous avons également observé la lymphangite sur des mulets appartenant aux Travaux neufs, en 1908. Dans tous les cas traités, la maladie a cédé à un traitement énergique, débridement des abcès, curetage et cautérisation des plaies, des boutons et des cordes, pansements avec des antiseptiques forts (teinture d'iode, formol, etc.).

Des mesures sanitaires avaient été édictées, comprenant l'isolement des malades en dehors des villages, la désinfection des locaux, des emplacements et des objets de toute nature ayant été en contact avec les malades, la présentation des animaux importés dans les cercles frontières au chef de poste le plus voisin. Mais il est parfois difficile de strictement les appliquer.

Autres maladies. — Une épizootie s'attaquant aux bovidés et aux ovidés est signalée depuis quelques années dans le Koïn. Son aire est restreinte et elle n'a aucune tendance à s'étendre.

L'affection sévit principalement pendant la durée des pluies, deux maxima s'observent pendant sa marche, l'un au début, l'autre à la fin de la saison des pluies. Les symptômes et les lésions en sont très mal connus, car on n'a pu les obtenir que par ouï-dire. C'est qu'il faut compter ici avec la défiance innée des indigènes pour tout ce qui se rapporte à leurs troupeaux.

L'isolement des troupeaux, de préférence à flanc de coteau ou sur les hauteurs, suffit à enrayer la maladie.

Il n'est pas démontré que ce soit une trypanosomose ; de nombreux examens de sang pratiqués dans la région à diverses reprises ne nous ont pas permis de nous en convaincre.

Un second foyer de moindre importance existerait dans le cercle de Labé, à Malicaré, Bendiou et dans la direction de Touba, au commencement de la saison sèche.

Des tumeurs sanguines, noirâtres, analogues à celles du charbon symptomatique se retrouveraient constamment dans les masses musculaires de l'épaule surtout.

Nous n'avons jamais observé la moindre lésion tuberculeuse sur les bœufs inspectés tant à Conakry que dans le reste de la Guinée. Nous n'avons pas vu davantage de péripneumonie. La peste bovine qui ravagea le Soudan et le Sénégal en 1890-91 s'arrêta aux portes du Fouta.

La rage signalée chez le chien dans les colonies voisines n'a pas été observée jusqu'à maintenant en Guinée.

La maladie du jeune âge sévit sur les chiens indigènes et sur les chiens importés sous une forme particulièrement grave, avec localisation fréquente sur les centres nerveux; des paraplégies tenaces subsistent souvent après guérison.

En résumé, il n'existe pas d'épidémies à proprement parler sur le bétail guinéen, mais seulement quelques endémies très limitées qui ne compromettent en rien l'avenir de l'élevage dans la Colonie. Leur étude devra d'ailleurs en être systématiquement poursuivie.

La morbidité est faible et la mortalité est bien loin d'atteindre la proportion manifestement exagérée donnée par certains auteurs.

En réalité, la race bovine du Fouta-Djallon possède une résistance sans égale à toutes les causes morbides; sa multiplication rapide ne fait aucun doute et permettra dans quelques années l'introduction sur le marché d'un nouvel et important élément de trafic, le bétail, au plus grand profit de la Colonie, des producteurs et de leurs intermédiaires.

Gorée. — Imprimerie du Gouvernement général.

 www.ingramcontent.com/pod-product-compliance
Ingram Content Group UK Ltd.
Pitfield, Milton Keynes, MK11 3LW, UK
UKHW020331130726
13696UKWH00003B/1275